INTRODUCTION

A L'ÉTUDE

DE LA CHIMIE.

INTRODUCTION

A L'ÉTUDE

DE LA CHIMIE

PAR LE SYSTÈME UNITAIRE;

PAR

M. Charles GERHARDT,

Professeur à la Faculté des Sciences de Montpellier, etc.

AVEC UNE PLANCHE.

————

MONTPELLIER.

BOEHM, IMPRIMEUR DE L'ACADÉMIE, PLACE CROIX-DE-FER.

PARIS,

Victor MASSON, libraire des Sociétés savantes près le Ministère de
l'Instruction publique, Place de l'École de Médecine, 1.

1848.

A MON AMI

AUGUSTE LAURENT,

Membre correspondant de l'Institut, etc.

En inscrivant ici votre nom, je désire rappeler au Lecteur la part qui vous revient dans ce que ce livre peut avoir de bon, et à vous-même la vive affection que je vous porte.

Ch. GERHARDT.

AVANT-PROPOS.

Ce livre contient un essai de réforme que je soumets au
jugement des chimistes ; il renferme un nouveau système et
une nouvelle méthode dont l'application à la chimie me paraît
avantageuse, sous le rapport des progrès de la science,
comme sous celui de l'enseignement.

En examinant de bonne foi le système généralement en-
seigné, on est forcé de reconnaître qu'il ne donne pas une
seule définition rigoureuse, et que trop souvent il fait intervenir des corps hypothétiques dans l'interprétation des phénomènes.

Dans le système dont je propose l'adoption, tous les corps
sont considérés comme des molécules uniques, dont les atomes
sont disposés dans un ordre déterminé que les réactions chimiques n'indiquent que d'*une manière relative*.

Le système dualistique assimile, au contraire, tous les corps de la chimie à des êtres doubles semblables aux oxydes ou aux sels, et attribue une valeur absolue aux formules qui en représentent la composition. Ces formules, selon moi, ne retracent que le sens d'une ou de deux réactions (a) ; elles ne donnent jamais l'image vraie de la constitution *moléculaire* ; elles n'expriment, je le répète, que de simples rapports.

Dans le système dualistique, on définit les corps *en tant qu'ils existent* ; cette méthode est incompatible avec le système unitaire. Celui-ci, en effet, prend ses définitions dans les métamorphoses des corps, c'est-à-dire *dans leur passé* ou *dans leur avenir*, et, sous ce rapport, il répond évidemment au but spécial de la chimie, qui est la recherche des lois des transformations de la matière.

Quelques exemples feront comprendre cette différence. Le système dualistique donne le nom de sels aux corps qui se composent d'un acide et d'une base, sauf les exceptions qui sont aussi nombreuses que les cas suivant la règle. Dans le système unitaire, on appelle sel tout corps renfermant un métal qui peut s'échanger par double décomposition contre un autre métal, c'est-à-dire tout corps capable d'éprouver telle ou telle métamorphose caractéristique.

Le système dualistique appelle *alcool*, la combinaison d'un radical composé de carbone et d'hydrogène avec l'oxygène, le tout uni aux éléments de l'eau ; je définis les alcools en

---

(a) Voyez page 54.

disant : ce sont des composés de carbone, d'hydrogène et d'oxygène, capables d'abandonner les éléments de l'eau pour se convertir en une combinaison nCH^2, et d'échanger H^2 contre O pour devenir acides unibasiques $nCH^2 + O^2$

Le système dualistique appelle *amide* certains corps renfermant l'amidogène (corps hypothétique). Dans le système unitaire, la dénomination d'amide s'applique à des corps susceptibles de se convertir en sels ammoniacaux par la fixation des éléments de l'eau.

J'ai cherché, autant que possible, à joindre, dans l'explication des phénomènes, la précision à la clarté, prenant en cela pour modèle les mathématiciens qui ne se servent jamais d'un terme sans en avoir préalablement établi le sens. Il faudra bien un jour arriver à écrire les livres de la chimie comme on écrit une géométrie ou une algèbre ; c'est alors seulement que la chimie se répandra davantage dans les masses. Nos traités d'aujourd'hui sont plutôt des recueils de recettes, d'appareils, d'applications utiles ; on n'y distingue pas assez la science pure de la partie appliquée.

En publiant ce livre, mon but est donc d'imprimer à la chimie un caractère plus scientifique, tout en rendant l'étude plus facile. Le lecteur jugera si j'ai réussi.

Montpellier, le 1er février 1848.

Ch. GERHARDT.

Table des Matières.

—

Errata.

Page 31, ligne 12, *lisez* : droite , *au lieu de* : gauche.

   42   »   7 , *lisez* ; $2 \times 0{,}069$, *au lieu de* : $2 \times 0{,}138$.

   48   »   2, *lisez* : unis en un seul vol. , *au lieu de* : unis
                            sans condensation.

   73   »   14, *lisez* : $C^{10}H^2Cl^6$, *au lieu de* : $C^{10}H^3Cl^6$.

 132   »   5 , *lisez* : $2SO_3^2K$, *au lieu de* : SO_3^7K.

 159   »   21 , *lisez* : SHg^2 , *au lieu de* : SH^3.

 168 , ligne dernière, *lisez* : bleue , *au lieu de* : verte.

INTRODUCTION

À L'ÉTUDE

DE LA CHIMIE.

DÉFINITION DE LA CHIMIE.

1. Les êtres matériels, répandus à la surface du globe et dans le sein de la terre, se distinguent en deux grandes classes.

Les uns naissent d'êtres semblables à eux-mêmes, et n'ont qu'une existence limitée. Les autres, inhabiles à se reproduire, naissent d'êtres dissemblables et peuvent exister de toute éternité.

Tant qu'on se borne à l'examen des caractères extérieurs de ces êtres, tant qu'on ne considère que leur forme, leur structure, on reste dans le domaine des sciences descriptives, qui ont été confondues sous le nom d'*Histoire naturelle*. Mais si l'on étudie les causes, les forces, qui déterminent la matière à

1

prendre ses différentes formes, on empiète sur le terrain des sciences spéculatives, auxquelles on a donné le nom de physique, de chimie ou de physiologie, suivant l'espèce de force qu'elles ont spécialement pour objet.

Il est des forces auxquelles tous les êtres, morts et vivants, sont également soumis. Tous les corps obéissent à la pesanteur. Tous les corps sont influencés par la lumière ; ils l'absorbent, la réfléchissent, ou la dévient de sa direction. Tous les corps sont affectés par la chaleur ; ils la fixent ou la laissent dégager, ils augmentent ou diminuent de volume. Animaux, plantes et minéraux subissent donc l'action de certaines forces générales, appelées *forces physiques*.

Dans le règne vivant, une autre force agit concurremment avec les forces physiques. Cette force spéciale qui donne la vie à la matière, nous est tout aussi inconnue, dans son essence, que ces dernières ; nous n'en connaissons que les effets, et le mot *force vitale* est plutôt un symbole par lequel on résume l'ensemble de certains effets ou phénomènes produits par la cause inconnue de la vie. Il en est de même des mots chaleur, lumière, électricité. Ils désignent les causes inconnues auxquelles nous attribuons des états particuliers de la matière, états que le langage habituel confond souvent avec les causes elles-mêmes.

Au reste, l'essence de ces causes est inabordable à l'homme, et les investigations de la science ne peuvent jamais porter que sur les *lois* d'après lesquelles ces inconnues déterminent certaines propriétés dans la matière. De même, il n'est donné au physiologiste que d'étudier les lois de la vie, c'est-à-dire les règles suivant lesquelles les êtres vivants naissent, s'organisent, se développent et périssent.

A nos connaissances sur les propriétés générales ou physiques de tous les corps, le physiologiste ajoute des notions spéciales sur la manière dont un être naît d'un autre être semblable au premier. Il nous apprend comment un germe pousse des tiges, des feuilles, des fleurs, et produit un nouveau germe, lequel, à son tour, grandit pour fleurir et fructifier; comment l'embryon se développe chez l'animal, comment la vie s'y établit, comment les organes s'y coordonnent; en un mot, le physiologiste approfondit les conditions de la reproduction d'un être par un autre être semblable.

2. *Les corps morts, c'est-à-dire ceux dont l'existence n'est pas circonscrite par le temps, ont aussi leur généalogie : mais ils naissent d'êtres dissemblables. C'est le chimiste qui recherche les lois de leur génération.*

A côté de la physique qui s'occupe des forces générales par lesquelles sont sollicités tous les corps indistinctement ; à côté de la physiologie, dont le cadre plus restreint ne comprend que les forces qui produisent des êtres *semblables*, il y a donc à placer une troisième science de la matière, dont l'objet spécial est l'étude des forces qui engendrent des êtres *dissemblables*. Cette science, c'est la chimie.

La chimie s'occupe donc des transformations de la matière. Elle approfondit l'origine des corps ; elle scrute leur passé et leur avenir ; elle poursuit la matière dans ses différentes phases, jusqu'à son retour à l'état primitif ; je ne dis pas jusqu'à sa fin, car elle n'a pas de fin. La matière est indestructible ; elle ne fait que se métamorphoser.

3. Quand une plante est morte, quand un animal a cessé de vivre, les substances qui constituaient ces êtres à l'état de vie, acquièrent des formes nouvelles ; on les voit alors se pourrir, se détruire en

apparence, et disparaître peu à peu. Des innombrables générations qui nous ont précédés dans la tombe, à peine si l'on retrouve quelques traces dans là terre qui a reçu leurs dépouilles ; et, de tout ce monde de plantes, de toutes ces races animales, aujourd'hui éteintes, et dont la géologie atteste le passage, que reste-t-il ? Quelques rares ossements, quelques empreintes, qui sont bien loin de représenter toute la masse de matière dont ces êtres étaient composés. Qu'est-elle donc devenue ?

Une semence, mise en terre, germe et développe des tiges, lesquelles à leur tour portent des fleurs, des fruits. Un simple grain augmente ainsi dix fois, cent fois, mille fois de matière, et cependant la terre, l'air et l'eau, ces trois milieux où se développe le végétal et qui peuvent seuls lui céder de leur propre substance, ces trois milieux sont des êtres morts dont la matière n'est pas semblable à celle du végétal. Comment est-il possible, malgré cette dissemblance, que la terre, l'eau et l'air s'organisent eux-mêmes, et se condensent dans le germe pour l'accroître ainsi, pour en faire une feuille, un arbre ?

Le fer, le plomb, le cuivre, l'argent, tous les

métaux indispensables aux transactions de la société,
sont renfermés dans la terre, sous une forme bien
différente de celle qu'ils reçoivent entre les mains
du métallurgiste. Le gaz qui éclaire nos rues, ne
préexiste pas dans le charbon de terre avec lequel
on le prépare. Avec le bois ou la fécule, l'industrie
fabrique du sucre; avec le sucre, de l'esprit de vin;
avec l'esprit de vin, du vinaigre; et cependant il
n'existe ni sucre dans le bois ou la fécule, ni alcool
dans le sucre, ni vinaigre dans l'alcool. Comment
tous ces corps peuvent-ils naître de matières qui
leur ressemblent si peu?...

La chimie répond à ces questions. Elle apprend
à distinguer, dans les êtres matériels, ce qu'ils ont
de commun pour être aptes à se métamorphoser, à
se transformer les uns dans les autres; elle décompose tous les corps; elle les ramène tous à un petit
nombre d'éléments, d'où il n'est plus possible d'extraire des parties dissemblables; elle démontre que
la nature morte et la nature vivante renferment des
parties communes, qui, par leur qualité, leur quantité, leur mode d'association, produisent cette immense variété de choses créées que nous admirons
dans la nature.

4. La matière possède une propriété 'qui lui est inhérente : c'est d'être essentiellement active. Les corps que nous appelons morts, ne le sont pour nous que d'une manière relative ; la matière n'y a pas renoncé à l'activité, mais cette activité s'exerce dans un autre sens. Aussi, comme matière, l'être vivant appartient à la chimie autant qu'à la physiologie ; la chimie étudie en lui, comme dans les corps morts, les conditions de l'équilibre des différentes activités de la matière. La respiration, la nutrition, la formation des sécrétions végétales et animales, sont des actes aussi chimiques ou de métamorphose, que physiologiques ou d'organisation ; il s'y opère des métamorphoses du même ordre que la combustion du bois ou la calcination des métaux. Il n'y a, entre ces phénomènes, qu'une différence de forme.

On appelle *forces chimiques*, ces activités spéciales, inhérentes à chaque corps, et qui se traduisent par des métamorphoses. Le but spécial de la chimie est de saisir les corps dans cet instant de passage, où ils cessent d'être eux-mêmes, où ils se transforment en d'autres corps.

5. Les caractères physiques, état, forme, pro-

priétés calorifiques, optiques, électriques et magné-
tiques, donnent le signalement d'un corps qui est ;
ils le font connaître dans le présent.

Les caractères chimiques expriment les relations
de qualité, de quantité et d'ordre qu'un corps présente avec un autre corps ; ils supposent au moins
deux corps : un corps qui est et un corps qui a été ;
ou bien, un corps qui est et un corps qui sera. Les
propriétés chimiques d'un corps sont donc celles qui
le font connaître dans son passé ou dans son avenir.

En disant le soufre est jaune, il cristallise en
octaèdres à base rhombe, il a une pesanteur spécifique de 2,0, il fond à 108°, il a un pouvoir réfrin-
gent très-considérable, il devient électrique par le
frottement, nous énonçons les caractères physiques
du soufre, nous en donnons le signalement. Dire de
l'huile de vitriol que c'est un liquide incolore, sans
odeur, bouillant à 327°, et d'une pesanteur spécifique
de 1,848, c'est encore énumérer des propriétés purement physiques, qui servent à établir l'identité de
l'huile de vitriol, et qu'on peut constater sans la
détruire, sans lui faire subir de métamorphose. Mais
nous serons sur le terrain de la chimie, en précisant
les relations matérielles qui rattachent le soufre à

l'huile de vitriol, en déterminant le plus ou le moins de matière semblable et de matière dissemblable qu'ils renferment, de manière à pouvoir se transformer l'un dans l'autre.

Nous le répétons, la chimie proprement dite est dans les métamorphoses, dans les générations de la matière; c'est là son caractère fondamental. Elle dévoile, dans les corps, leur origine et leur fin. La physique ne les considère qu'en tant qu'ils persistent. Ces deux sciences ont d'ailleurs des relations si intimes, qu'il est difficile d'établir entre elles une démarcation rigoureuse. La physiologie elle-même se confond en certains points avec elles.

6. Les opérations de la chimie sont de deux espèces : elle détermine les métamorphoses, soit par *analyse*, soit par *synthèse*; elle sépare de la matière toutes les parties dissemblables, ou, par un procédé inverse, elle unit ces parties entre elles; elle décompose ou elle recompose. L'activité inhérente à la matière est son moyen : le chimiste la provoque par le contact immédiat des corps hétérogènes; il la renforce ou l'affaiblit par l'intermédiaire des agents physiques, chaleur, électricité, lumière.

C'est en épuisant ces moyens de décomposition sur tous les corps de la nature, que le chimiste a réduit la matière à un petit nombre de parties de qualité différente, qui résistent à tous les efforts de l'analyse ; elles portent le nom de *corps indécomposables* ou d'*éléments*. Ce ne sont plus, bien entendu, les quatre éléments d'Aristote : la science a démontré depuis long-temps, que l'air, l'eau et la terre sont des corps composés, et ne représentent que les symboles des trois états physiques de la matière ; que le feu n'est pas une substance particulière, mais un simple phénomène qui accompagne certaines transformations de la matière.

Les corps réputés simples de la chimie moderne s'élèvent à une cinquantaine ; peut-être un jour ce nombre sera-t-il réduit, peut-être même sera-t-il augmenté ; c'est ce que l'expérience pourra seule démontrer.

Voici la liste, par ordre alphabétique, des éléments aujourd'hui adoptés :

Aluminium.	Baryum.
Antimoine.	Bismuth.
Argent.	Bore.
Arsenic.	Brôme.
Azote.	Cadmium.

Calcium.
Carbone.
Cérium.
Chlore.
Chrôme.
Cobalt.
Cuivre.
Etain.
Fer.
Fluor.
Glucinium ou Béryllium.
Hydrogène.
Iode.
Iridium.
Lithium.
Magnésium.
Manganèse.
Mercure.
Molybdène.
Nickel.
Or.
Osmium.

Oxygène.
Palladium.
Phosphore.
Platine.
Plomb.
Potassium ou Kalium.
Rhodium.
Sélénium.
Silicium.
Sodium ou Natrium.
Soufre.
Strontium.
Tantale ou Colombium.
Tellure.
Thorium.
Titane.
Tungstène.
Uranium.
Vanadium.
Yttrium.
Zinc.
Zirconium.

A ces cinquante-quatre éléments, il faut encore en joindre huit, découverts seulement dans ces derniers temps, et dont l'existence est moins bien établie :

Didyme.
Erbium.
Lanthane.
Niobium.

Norium.
Pélopium.
Ruthénium.
Terbium.

Les éléments précédents, en se groupant ensemble suivant des proportions différentes, en s'associant entre eux de mille manières, produisent les *corps composés* ou *combinaisons chimiques*.

Il faut distinguer une combinaison chimique d'un simple *mélange*.

Le propre de toutes les combinaisons chimiques, c'est d'avoir d'autres propriétés que les éléments constituants. Ainsi, par exemple, le mercure est un corps liquide et métallique ; l'oxygène est un gaz incolore ; le produit de la combinaison du mercure n'a ni les propriétés du mercure, ni celles de l'oxygène, mais c'est une poudre rouge et cristalline qui possède des propriétés à elle, entièrement différentes de celles du mercure et de l'oxygène, propriétés qu'on retrouve jusque dans les moindres parcelles de la combinaison.

Dans un simple mélange, au contraire, quelque intime qu'il soit, on peut toujours discerner les propriétés, appartenant, avant la mixtion, aux corps dont il se compose. Broyez ensemble, aussi fin que possible, du verre et du soufre, et vous n'aurez qu'un mélange où les caractères du verre et ceux du soufre se constateront à la fois avec facilité.

7. L'oxygène et l'hydrogène sont les deux éléments chimiques dont les activités sont les plus différentes, les plus opposées. Aussi, par la combinaison, ces activités se neutralisent-elles presque complétement, de manière à produire un composé dont l'activité chimique est elle-même bien moins prononcée que celle de la plupart des autres corps. L'eau, en effet, est la combinaison la plus neutre que nous connaissions.

En rapportant aux deux éléments constituants de l'eau tous les autres éléments, suivant l'analogie qu'ils présentent dans leur activité chimique, soit avec l'oxygène, soit avec l'hydrogène, on peut établir deux grandes classes de corps simples : les éléments semblables à l'hydrogène de l'eau ou les *métaux*, et les éléments semblables à l'oxygène de l'eau, ou les éléments *non métalliques*.

Il est évident que les différences physiques des éléments ne sont d'aucune importance dans cette classification. Les éléments peuvent être gazeux, liquides ou solides, ils peuvent être brillants ou n'avoir point d'éclat ; car, en chimie, le mot métal n'a pas la même signification que dans le langage vulgaire.

2

Voici comment les éléments se groupent d'après cette division :

<table>
<tr><td colspan="2" align="center">I.
ÉLÉMENTS
semblables à l'oxygène de l'eau,
corps non métalliques
OU MÉTALLOÏDES.</td><td colspan="2" align="center">II.
ÉLÉMENTS
semblables à l'hydrogène de l'eau,
corps métalliques
OU MÉTAUX.</td></tr>
<tr><td>Oxygène.
Soufre.
Sélénu m.
Tellure.

Phosphore.
Arsenic.
Azote.

Chlore.
Brôme.
Iode.
Fluor.

Carbone.

Bore.
Silicium.</td><td>

Éléments
halogènes.</td><td>Hydrogène.
Potassium.
Sodium.
Lithium.
Baryum.
Calcium.
Strontium.
Maguésium.
Cadmium.
Zinc.
Nickel.
Cobalt.
Cuivre.
Fer.
Manganèse.
Aluminium.
Chrôme.</td><td>Bismuth.
Antimoine.
Étain.

Plomb.
Argent.
Mercure.

Platine.
Or.

Et tous les autres élé-
ments cités
plus haut (6).</td></tr>
</table>

Les éléments réunis par des accolades forment autant de groupes naturels dont les individus possèdent quelques caractères communs.

La classification précédente, sans être très-rigoureuse, convient cependant aux besoins actuels de la science. Il faudrait, pour la faire bien saisir, retrancher de notre liste certains corps formant

la transition d'une classe à l'autre, et ne considérer que les éléments dont les tendances sont les plus
tranchées.

Mais ce qui empêche surtout de classer les éléments
d'une manière absolue, *c'est qu'un seul et même élément peut entièrement changer d'activité, suivant les
proportions dans lesquelles il est combiné, et suivant la
nature des corps auxquels il se trouve associé;* un seul
et même élément peut donc, selon les circonstances,
jouer tantôt le rôle de métal, tantôt le rôle de corps
non métallique. Toutefois, ce double rôle n'a été
constaté que dans un petit nombre d'éléments; et la
classification précédente, quoique n'exprimant qu'un
seul côté dans les fonctions chimiques des corps
simples, est néanmoins très-utile pour le commençant, car elle est applicable aux trois quarts des
composés les plus connus et les plus usuels. Nous
reviendrons plus tard sur ce sujet, et nous ferons
alors mieux comprendre la manière d'être des métaux et des corps non métalliques. Ce sera à l'occa-
sion des *sels* (42).

8. Dans toute combinaison chimique, il y a trois
choses à considérer : la qualité, la quantité et l'ordre des parties constituantes.

Deux corps ne sont chimiquement identiques, qu'autant que ces trois choses y sont les mêmes.

Nous aurons donc à discuter successivement les principes relatifs à ces trois conditions. Ils seront exposés dans les chapitres suivants :

PROPORTIONS CHIMIQUES.

COMBINAISONS DES VOLUMES.

CONSTITUTION DES CORPS.

SUBSTITUTIONS.

FONCTIONS CHIMIQUES.

SÉRIES CHIMIQUES.

On donne le nom de combinaisons *binaires*, *ternaires* ou *quaternaires*, aux composés formés de deux, de trois ou de quatre corps simples.

PROPORTIONS CHIMIQUES.

9. Les lois générales qui régissent les quantités d'après lesquelles les corps se combinent , sont
au nombre de trois : la loi de la constance des proportions chimiques , la loi des rapports multiples ,
et la loi des nombres proportionnels. Ces lois résultent de l'observation directe et sont indépendantes
de toute théorie.

10. *Les corps se combinent en proportions fixes et
invariables.* — Cette loi forme la base de la chimie.
Aucune circonstance ne peut altérer les quantités qui
entrent dans la composition d'un corps. Quels que
soient les procédés d'analyse auxquels on le soumette, ils y indiquent toujours les mêmes proportions de matière. La forme et l'état d'un corps peuvent quelquefois se modifier ; un même corps peut ,
suivant les circonstances, se présenter sous forme
de liquide , de gaz ou de solide ; il peut être tantôt
amorphe , tantôt cristallisé ; mais ces différences
n'influent jamais sur sa composition chimique.

2.

Un corollaire important découle de la proposition précédente : lorsque deux ou plusieurs corps, capables de se combiner, se trouvent en présence dans un rapport autre que celui qui convient à leur combinaison, ces corps se combinent, néanmoins, dans ce dernier rapport, mais en laissant un résidu, un excédant non combiné de l'un ou de l'autre corps.

Exemple. Le soufre et le mercure se combinent dans le rapport de 4 parties du premier et de 25 parties du second, pour former 29 parties de cinabre. Si l'on met en présence 5 parties de soufre et 25 parties de mercure, on obtiendra encore 29 parties de cinabre; mais 1 partie de soufre restera non combinée.

11. *Loi des rapports multiples.* — Un seul et même corps, simple ou composé, peut s'unir à un autre en plusieurs proportions, de manière à produire plusieurs composés différents. Ainsi, le mercure donne avec le chlore deux composés : le calomel et le sublimé corrosif. Non-seulement, les quantités de mercure et de chlore sont fixes et invariables pour chacun d'eux, mais elles sont entre elles dans un rapport géométrique très-simple. Cette loi peut se généraliser de la manière suivante : *lorsque deux*

corps s'unissent entre eux pour produire deux ou plusieurs composés, les quantités contenues dans l'un des composés, sont représentées par des multiples ou des sous-multiples, en nombres simples, des quantités renfermées dans les autres composés.

Exemples. L'expérience indique la composition suivante dans 100 parties de sublimé et de calomel :

Sublimé.	Calomel.
73,53 mercure	84,75 mercure.
26,47 chlore.	15,25 chlore.
100,00	100,00

Au premier abord, on ne saisit aucune relation entre ces deux compositions ; c'est qu'elles ne sont pas comparables sous la forme précédente, et il faut d'abord chercher quelle est la quantité de mercure qui s'unit à une *même* quantité de chlore, ou, réciproquement, quelle est la quantité de chlore qui s'unit à une *même* quantité de mercure.

On a donc la proportion suivante :

$$73,53 \text{ merc.} : 84,75 \text{ merc.} :: 26,47 \text{ chl} : x \text{ chl.}$$
$$x = 30,50.$$

Cela veut dire que si 73,53 p. de mercure sont combinés, dans le sublimé, avec 26,47 p. de chlore,

84,75 p. de mercure y sont combinés avec 30,5 chlore. Or, 30,5 est le double de 15,25, quantité de chlore qui s'unit à 84,75 mercure dans le calomel.

On arriverait encore à la même conséquence, en partant de la composition du calomel, ou bien en cherchant les rapports qui existent entre les quantités de mercure combinées avec le chlore dans les deux composés.

C'est ainsi encore qu'on trouve les rapports suivants entre les combinaisons de l'oxygène avec le plomb :

Dans le sous-oxyde gris, 16 oxygène sont combinés avec 416 plomb.
Dans la litharge — — 208 —
Dans le minium — — 156 —
Dans le peroxyde puce — — 104 —

Or :

$$416 : 208 : 156 : 104 :: 4 : 2 : 1\tfrac{1}{2} : 1.$$

12. *Loi des nombres proportionnels.* — Faisons abstraction, pour un moment, de la loi précédente, et supposons qu'il n'y ait entre deux éléments qu'une seule combinaison de possible ; prenons ensuite une série de combinaisons renfermant un élément commun.

On a trouvé par expérience dans 100 parties

d'oxyde de plomb :	d'oxyde de soufre :	d'oxyde de chlore :	d'oxyde de phosp. :	d'oxyde d'azote :
Oxygène 7,14	Oxyg. 33,33	Oxyg. 18,2	Oxyg. 20,0	Oxyg. 36,4
Plomb 92,86	Soufr. 66,67	Chlor. 81,8	Phosp. 80,4	Azote. 63,6
100,00	100,00	100,0	100,0	100,0

Pour rendre ces résultats comparables, ramenons-les à la même quantité d'oxygène, par exemple, à un poids de 8 oxygène ; on trouve alors, par une simple proportion, que :

L'oxyde de plomb	renferme 8 oxygène pour	104	plomb ,
L'oxyde de soufre	— 8 oxygène pour	16	soufre ,
L'oxyde de chlore	— 8 oxygène pour	36	chlore ,
L'oxyde de phosph.	— 8 oxygène pour	32	phosphore ,
L'oxyde d'azote	— 8 oxygène pour	14	azote.

D'après la loi de la constance des proportions chimiques, on a évidemment, pour un poids quelconque p d'oxygène, en appelant p_1 le poids du plomb, p_2 celui du soufre, p_3 celui du chlore, p_4 celui du phosphore, p_5 celui de l'azote :

Dans un poids $(p + p_1)$ d'oxyde de plomb,
$$p : p_1 :: 8 : 104 \ldots (1).$$
Dans un poids $(p + p_2)$ d'oxyde de soufre,
$$p : p_2 :: 8 : 16 \ldots (2).$$

Dans un poids $(p + p_3)$ d'oxyde de chlore,
$$p : p_3 :: 8 : 36 \dots (3).$$
Dans un poids $(p + p_4)$ d'oxyde de phosphore,
$$p : p_4 :: 8 : 32 \dots (4).$$
Dans un poids $(p + p_5)$ d'oxyde d'azote,
$$p : p_5 :: 8 : 14 \dots (5).$$

Dans ces cinq proportions, les antécédents sont les mêmes; on peut donc mettre les conséquents en proportion. On a alors, en considérant successivement la première proportion et la seconde, la première et la troisième, la première et la quatrième, la première et la cinquième :

$$p_1 : p_2 :: 104 : 16 \dots \dots (6)$$
$$p_1 : p_3 :: 104 : 36 \dots \dots (7)$$
$$p_1 : p_4 :: 104 : 32 \dots \dots (8)$$
$$p_1 : p_5 :: 104 : 14 \dots \dots (9)$$

c'est-à-dire que

le plomb s'unit au soufre	dans le rapport de	104 à 32
— — au chlore	—	104 à 36
— — au phosphore	—	104 à 32
— — à l'azote	—	104 à 14.

On déduit aussi des proportions précédentes :

$$p_2 : p_3 :: 16 : 36 \dots \dots (10)$$
$$p_2 : p_4 :: 16 : 32 \dots \dots (11)$$
$$p_2 : p_5 :: 16 : 14 \dots \dots (12)$$

Ce qui veut dire que

le soufre s'unit au chlore dans le rapport de 32 à 36
—   —   au phosphore   —   32 à 32
—   —   à l'azote   —   32 à 14.

De ces trois dernières proportions on déduit encore :

$$p_3 : p_4 :: 36 : 32 \ldots\ldots (13)$$
$$p_3 : p_5 :: 36 : 14 \ldots\ldots (14)$$

ou bien :

le chlore s'unit au phosphore dans le rapport de 36 à 32
—   —   à l'azote   —   36 à 14.

Enfin, les deux proportions que nous venons d'écrire, donnent aussi :

$$p_4 : p_5 :: 32 : 14,$$

c'est-à-dire que

le phosphore s'unit à l'azote dans le rapport de 32 à 14.

Évidemment, au lieu de cinq oxydes, nous aurions pu en prendre dix, vingt, cinquante, et nous serions toujours arrivé aux mêmes conséquences ; de même, au lieu de choisir des oxydes, nous aurions pu faire les mêmes raisonnements sur les combinaisons de tout autre élément.

13. Comparons maintenant les différentes pro-

portions qui expriment les combinaisons de l'oxygène avec celles du soufre. Nous allons les trans-
crire :

COMBINAISONS DE L'OXYGÈNE,   COMBINAISONS DU SOUFRE,

avec le plomb.

$$(1)\ldots p : p_1 :: 8 : 104 \qquad p_2 : p_1 :: 16 : 104 \ldots (6)$$

avec le chlore.

$$(3)\ldots p : p_3 :: 8 : 36 \qquad p_2 : p_3 :: 16 : 36 \ldots (10)$$

avec le phosphore.

$$(4)\ldots p : p_4 :: 8 : 32 \qquad p_2 : p_4 :: 16 : 32 \ldots (11)$$

avec l'azote.

$$(5)\ldots p : p_5 :: 8 : 14 \qquad p_2 : p_5 :: 16 : 14 \ldots (12)$$

L'inspection des proportions précédentes démontre évidemment que les poids de plomb, de chlore,
de phosphore et d'azote qui s'unissent à une quantité
p d'oxygène, et les poids de plomb, de chlore, de
phosphore et d'azote qui s'unissent à une quantité
p_2 de soufre, sont *proportionnelles* entre elles. Car
les combinaisons de l'oxygène donnent :

$$p_1 : p_3 : p_4 : p_5 :: 104 : 36 : 32 : 14,$$

et celles du soufre donnent pareillement :

$$p_1 : p_3 : p_4 : p_5 :: 104 : 36 : 32 : 14.$$

Cela veut dire que si 8 oxygène se combinent avec
104 plomb, 36 chlore, 32 phosphore, 14 azote,

16 soufre se combineront aussi avec 104 plomb, 36 chlore, 32 phosphore, 14 azote, etc.

On arriverait encore au même résultat en comparant la composition des combinaisons du chlore, du phosphore, etc., avec la composition des sulfures ou des oxydes.

Nous venons donc de démontrer que, *lorsqu'un corps* A *est capable de s'unir à plusieurs autres a, b, c..., les poids de ces derniers sont entre eux dans le même rapport que les poids des mêmes corps a, b, c..., qui s'uniraient à* B, *à* C..., *ou à tout autre corps.*

14. Il semble, d'après ce qui précède, qu'il suffise de connaître le rapport dans lequel un seul élément, l'oxygène par exemple, s'unit à tous les autres éléments, pour en déduire la composition de toutes les combinaisons de ces derniers entre eux. Cela serait parfaitement vrai, s'il n'existait qu'une seule combinaison entre deux corps ; mais, comme deux éléments produisent souvent plusieurs combinaisons, le rapport donné par le calcul ne s'applique en réalité qu'à une seule d'entre elles. Toutefois, la connaissance de ce rapport est déjà fort précieuse, puisque les poids des mêmes éléments formant plus d'une combinaison, sont entre eux dans des rapports multiples (11).

Il faut donc compléter la loi des nombres proportionnels, en disant : lorsqu'un corps A est capable de s'unir à plusieurs autres a, b, c...., les poids de ces derniers sont entre eux comme n fois les poids des mêmes corps a, b, c.., qui s'uniraient à B, à C, ou à tout autre corps.

Le coefficient n se détermine par l'expérience, soit directement, soit à l'aide de considérations particulières.

15. Admettons maintenant, pour simplifier le raisonnement, qu'il n'existe qu'une seule combinaison entre deux éléments ; supposons que l'oxygène, par exemple, ne donne avec chaque corps simple qu'un oxyde ; prenons une quantité d'oxygène constante, soit 100 parties, et notons le poids de chaque élément trouvé par expérience en combinaison avec ces 100 parties d'oxygène, nous aurons ainsi un tableau contenant ce qu'on appelle les *nombres proportionnels* des corps simples, rapportés à un poids de 100 oxygène ; et, d'après les développements précédents, ce tableau indiquera non-seulement combien d'hydrogène, d'azote, de plomb, de cuivre, etc., se combine avec 100 oxygène ; mais il exprimera aussi les quantités d'hydrogène qui s'unis-

sent à l'azote, les quantités de soufre qui s'unissent au fer, les quantités de chlore qui s'unissent au zinc, etc.; en un mot, il donnera la composition de toutes les combinaisons.

Cela est aussi vrai si deux corps simples donnent naissance à plus d'un composé; mais alors les quantités, indiquées par le tableau, sont encore à multiplier par un coefficient n.

Au lieu de rapporter la composition des corps à un poids de 100 oxygène, on peut évidemment choisir aussi bien pour terme de comparaison tout autre poids, soit d'oxygène, soit d'un autre élément; alors, il est vrai, les nombres proportionnels ne sont plus les mêmes que précédemment, mais il y a entre eux rigoureusement les mêmes rapports qu'entre les nombres proportionnels basés sur un poids de 100 oxygène. En effet, si, dans un semblable tableau, où l'oxygène est placé égal à 100, on trouve, par exemple, que n fois 225 chlore s'unissent à 206,25 zinc, on voit, dans un second tableau, où l'hydrogène est pris pour unité, que 36 chlore s'unissent à n fois 33 zinc. Or,

$$225 : 206,25 :: 36 : 33.$$

Les nombres proportionnels, employés par la plupart des chimistes, en France et en Allemagne, se rapportent à 100 oxygène ; cependant , ces nombres ont l'inconvénient d'être souvent très-élevés , et d'allonger sans nécessité les calculs. Il est préférable de prendre , comme les Anglais , l'hydrogène pour unité ; on a ainsi l'avantage d'opérer, dans les calculs, sur des nombres plus simples , et de retenir avec facilité les nombres proportionnels des corps les plus importants.

Une autre circonstance divise les chimistes sur le choix des nombres proportionnels : c'est qu'un seul et même corps peut s'unir à un autre en deux ou en plusieurs proportions , et l'on ne peut donc pas toujours s'entendre sur la préférence qu'il s'agit d'accorder à l'un ou à l'autre composé formé par ces deux éléments. L'hydrogène et l'oxygène forment deux composés : l'un renferme 100 oxygène et 6,25 hydrogène ; l'autre contient 100 oxygène et 12,5 hydrogène. Faut-il choisir 6,25 ou 12,5 hydrogène pour inscrire dans le tableau? Les uns prennent le premier nombre , les autres le second ; dans le premier cas n devient 2 , dans l'autre $\frac{1}{2}$; au seul point de vue des proportions , il n'y a pas de raison pour admettre l'un plutôt que l'autre.

Voici une table des nombres proportionnels dont nous nous servirons.

TABLE

Des nombres proportionnels des principaux corps simples.

RAPPORTÉS A UN POIDS DE 100 OXYGÈNE.	Symboles.	RAPPORTÉS A UN POIDS DE 1 HYDROGÈNE OU DE 16 OXYGÈNE.
6,25 Hydrogène.	H	1 Hydrogène.
40,16 Lithium.	Li	6,4 Lithium.
67,50 Bore.	B	10,8 Bore.
75,00 Carbone.	C	12 Carbone.
75,00 Magnésium.	Mg	12 Magnésium.
85,63 Aluminium.	Al	13,7 Aluminium.
87,50 Azote ou Nitrogène.	N ou Az	14 Azote.
87,50 Silicium.	Si	14 Silicium.
100,00 Oxygène.	O	16 Oxygène.
116,85 Fluor.	F	18,6 Fluor.
125,00 Calcium.	Ca	20 Calcium.
143,75 Sodium ou Natrium.	Na	23 Sodium.
157,04 Titane.	Ti	25,1 Titane.
162,50 Chrome.	Cr	26 Chrome.
175,00 Fer.	Fe	28 Fer.
175,00 Manganèse.	Mn	28 Manganèse.
185,00 Nickel.	Ni	29,6 Nickel.
185,00 Cobalt.	Co	29,6 Cobalt.
198,75 Cuivre.	Cu	31,8 Cuivre.
200,00 Soufre.	S	32 Soufre.
200,00 Phosphore.	P	32 Phosphore.
206,25 Zinc.	Zn	33 Zinc.
225,00 Chlore.	Cl	36 Chlore.
243,75 Potassium ou Kal.	K	39 Potassium.
275,00 Strontium.	Sr	44 Strontium.
300,00 Molybdène.	Mo	48 Molybdène.
350,00 Cadmium.	Cd	56 Cadmium.
368,75 Étain.	Sn	59 Étain.
403,25 Antimoine (Stib.).	Sb	64,5 Antimoine.
425,00 Baryum.	Ba	68 Baryum.
468,50 Arsenic.	As	75 Arsenic.
490,90 Sélénium.	Se	78,5 Sélénium.
500,00 Brôme.	Br	80 Brôme.

100 oxygène se combinent avec *n* fois — 1 hydrogène se combine avec *n* fois

RAPPORTÉS A UN POIDS DE 100 OXYGÈNE.		Symboles.	RAPPORTÉS A UN POIDS DE 1 HYDROGÈNE OU DE 16 OXYGÈNE.	
	600,00	Tungstène.	W	96	Tungstène.
	618,75	Platine.	Pt	99	Platine.
	625,00	Mercure.	Hg	100	Mercure.
	650,00	Plomb.	Pb	104	Plomb.
100 ox. se comb. avec n fois	675,00	Argent.	Ag	108	Argent.
	750,00	Urane.	U	120	Urane.
	787,50	Iode.	I	126	Iode.
	800,00	Tellure.	Te	128	Tellure.
	1225,00	Or.	Au	196	Or.
	1312,50	Bismuth.	Bi	210	Bismuth.

Plusieurs de ces nombres ne sont pas les mêmes que ceux adoptés par la plupart des chimistes ; ceux, notamment, des métaux n'en sont que la moitié. Ainsi, par exemple, pour moi, 2 K ne valent que K dans les formules de M. Berzélius, et ainsi de la plupart des métaux. L'oxygène, le soufre, l'azote, le carbone, le phosphore, le chlore et les autres corps halogènes ont la même valeur dans notre table que dans ces dernières.

16. Au lieu d'écrire en toutes lettres les noms les corps simples, et d'exprimer chaque fois la valeur numérique de leur nombre proportionnel, les chimistes sont convenus de désigner ce nombre par un symbole particulier. Ils ont choisi, à cet effet, l'initiale du nom latin, et, dans le cas où le nom de plusieurs éléments commence par la même lettre, cette initiale, écrite en majuscule, est suivie d'une autre petite lettre, servant de distinction.

Ainsi, par exemple, O veut dire un poids de 16

oxygène (ou de 100 si l'on prend l'autre table), mais ne signifie pas oxygène tout court. De même, S indique un poids de 32 soufre, Sr un poids de 44 strontium, Sb un poids de 64,5 antimoine (stibium), etc.

Les combinaisons s'écrivent en plaçant les initiales les unes à la suite des autres : ainsi CO veut dire une combinaison de 12 carbone avec 16 oxygène ; ClH exprime une combinaison de 36 chlore 1 hydrogène.

Lorsqu'un élément se combine avec un autre en plusieurs proportions, on écrit le coefficient qui multiplie le nombre proportionnel adopté, à la droite du symbole, soit sous forme d'exposant, soit sous forme d'indice :

CO oxyde de carbone.

CO^2 ou CO_2 gaz carbonique.

$K^2 S$ ou $K_2 S$.
$K^2 S^2$ ou KS Combinaisons du soufre avec le potassium.
$K^2 S^3$, $K^2_3 S$ ou KS^3_2

$Fe^2 O$
$Fe^4 O^3$ ou $Fe^4_3 O$.   Oxydes du fer.

Il est souvent commode, pour faire ressortir des analogies, de décomposer le coefficient en deux facteurs ; alors le symbole porte à la fois un exposant et un indice. Au lieu d'exprimer, par exemple, l'oxyde rouge de fer par $Fe^2 O^3$ ou $Fe^{\frac{4}{3}} O$, je l'écris aussi :

$$Fe^{\frac{2}{3}} O,$$

pour indiquer que, dans ce corps, la quantité $Fe^{\frac{2}{3}}$ (c'est-à-dire $\frac{2}{3}$ du nombre proportionnel adopté dans la table) joue le même rôle que la quantité Fe dans l'autre oxyde de fer.

On peut écrire de même les deux oxydes de cuivre : $Cu^2 O$, et $Cu^{\frac{1}{2}} O$, au lieu de $Cu^4 O$.

Au lieu de ce double coefficient, qui n'est pas commode pour la composition typographique, je me sers souvent des lettres grecques α, β, γ, δ, à la place de l'indice. (Voir plus bas 39.)

Les éléments de l'eau, dite de cristallisation, s'écrivent, par abréviation, *aq*.

Un coefficient placé sur la ligne devant un symbole multiplie, comme en algèbre, tous les coefficients qui suivent, placés en exposants, jusqu'au premier signe $+$.

M désigne le nombre proportionnel d'un métal quelconque.

17. On donne aussi aux nombres proportionnels le nom d'*équivalents*; toutefois ce n'est plus alors

dans un sens purement mathématique. Cette dénomination est prise dans une acception plus spécialement chimique, et suppose aux quantités proportionnelles une certaine valeur en rapport avec le rôle
des corps qu'elles représentent.

Supposons que l'on veuille transformer l'eau ou
oxyde d'hydrogène en sulfure d'hydrogène, c'est-
à-dire remplacer l'oxygène de l'eau par du soufre,
la table des nombres proportionnels indique que,
pour remplacer 16 parties d'oxygène par du soufre,
il faut 32 parties de ce dernier ; 32 soufre sont donc
l'équivalent de 16 oxygène.

S'agirait-il, de même, de remplacer l'hydrogène
de l'eau par du fer, la table dit encore que pour déplacer 1 partie d'hydrogène, il faut 28 parties de
fer ; 28 fer sont donc l'équivalent de 1 hydrogène.

D'après cela, les mots équivalent et nombre proportionnel sembleraient donc synonymes ; mais,
comme nous venons de le dire, l'idée d'équivalent
implique celle de fonction chimique, de sorte qu'il
faut distinguer. Les équivalents sont, pour ainsi
dire, une personnification des nombres proportionnels ; ils leur donnent un corps, et à ce corps
des aptitudes, des propriétés spéciales. Nous revien-

drons plus loin sur ce sujet. (37, 38, 39 et 54.)

18. Les lois que nous venons de développer pour des combinaisons composées de deux éléments, s'appliquent aussi, bien entendu, aux combinaisons qui en renferment davantage.

Supposons un corps ternaire, le sucre, par exemple, renfermant du carbone, de l'hydrogène et de l'oxygène.

Nous savons, d'après ce qui précède, que, le carbone s'unit à l'hydrogène dans le rapport de 12 : n 1, c'est-à-dire qu'il peut former les combinaisons :

I.........12 carbone et 1 hydrogène.
II........12   —   (1 + 1) hydrogène.
III.......12   —   (1 + 1 + 1) hydrogène.

Nous savons, de même, que le carbone s'unit à l'oxygène dans le rapport de 12 : n 16, pour produire les combinaisons :

IV........12 carbone et 16 oxygène.
V.........12   —   (16 + 16) oxygène.
VI........12   —   (16 + 16 + 16) oxyg., etc.

Si dans la combinaison III, ou dans toute autre, une partie de l'hydrogène est remplacée par de

l'oxygène, c'est évidemment par nombres proportionnels; en d'autres termes, 1 hydrogène est remplacé par 16 oxygène. On aura donc pour une semblable combinaison ternaire :

12 carbone (1 + 1) hydrogène et 16 oxygène.

Cette composition représente précisément celle
du sucre de fruits.

On peut appliquer le même raisonnement aux
composés quaternaires, et en général à toutes les
combinaisons de la chimie.

COMBINAISONS DES VOLUMES.

19. Nous avons examiné jusqu'ici les combinaisons chimiques considérées d'après le poids ; les mêmes lois sont applicables aux combinaisons des volumes.

L'étude des volumes offre quelques difficultés, à cause de l'impossibilité où l'on se trouve de mettre tous les corps dans le même état physique.

Dans l'état de la science, l'état gazeux est le seul sous lequel les corps soient comparables par rapport aux volumes, mais malheureusement tous les corps ne peuvent pas être obtenus sous cette forme.

Les expériences des physiciens nous apprennent que les gaz, quelle que soit leur nature, étant soumis à une même pression, éprouvent un même changement dans leur volume. Suivant Mariotte, les espaces qu'ils occupent alors sont en raison inverse des pressions supportées. Un autre fait non moins important a été observé par MM. Gay-Lussac et Dalton : si l'on prend des volumes égaux de gaz

très-variés, et qu'on les porte à la même température, ils éprouvent la même modification : ils se di-
latent ou se contractent de la même quantité suivant
qu'on les échauffe ou qu'on les refroidit au même
degré. Ainsi, on sait que 100 volumes d'un gaz quelconque, pris à 0°, donnent, échauffés à 100°, sensiblement 136,6 volumes.

Ces deux lois ne sont rigoureusement vraies que
dans certaines limites ; elles présentent surtout de
l'irrégularité pour les gaz coërcibles, pris à un point
très-rapproché de leur solidification ou de leur liqué-
faction. Néanmoins, une longue expérience a prouvé
qu'elles suffisent entièrement aux besoins actuels de
la chimie ; et, bien qu'un jour il en faille, sans doute,
modifier l'énoncé, en y introduisant certains facteurs qui nous échappent aujourd'hui, il n'en est
pas moins vrai que, même sous leur forme incomplète, ces deux lois sont d'un puissant secours pour
l'étude des combinaisons chimiques.

Toutes les fois qu'il s'agit en chimie de volumes,
sans autre indication, on sous-entend des volumes
à l'état de gaz.

20. Voici la liste des corps simples naturellement
gazeux, ou qu'on peut gazéifier à l'aide de la cha-

leur. Les nombres dont ils sont accompagnés , expriment leur densité, ou leur poids à volume égal, le poids d'un même volume d'air ou d'hydrogène étant pris pour unité.

GAZ SIMPLES.	DENSITÉS.	
	Poids du vol. d'air égal à 1,000	Poids du vol. d'hydr. égal à 1.
Oxygène............................	1,105	16,0.
Hydrogène.........................	0,069	1,0.
Azote..............................	0,971	14,0.
Chlore.............................	2,470	35,8.
Brôme.............................	5,540	80,3.
Iode...............................	8,716	126,3.
Soufre.............................	6,563	95,1.
Phosphore.........................	4,420	64,0.
Arsenic...........................10,600		153,6.
Mercure............................	6,976	101,0.

Si l'on compare les nombres de la seconde colonne, où nous avons pris pour unité le poids d'un volume d'hydrogène , avec les nombres correspondants de notre table des nombres proportionnels , on les trouve sensiblement les mêmes , sauf pour le soufre, le phosphore et l'arsenic ; et encore pour ces corps on retombe sur les mêmes chiffres, en multipliant le nombre proportionnel adopté par 2 (phosphore et arsenic), ou par 3 (soufre). Les légères différences entre l'expérience et le calcul tiennent à l'imperfection de nos instruments ou de nos procédés d'investigation.

On conclut des faits précédents, que *les densités des gaz simples sont en raison directe de leurs nombres proportionnels pris* **1**, **2** *ou* **3** *fois*. Remarquons, d'ailleurs, que le phosphore, le soufre et l'arsenic, les seuls corps simples pour lesquels le coefficient n'est pas l'unité, sont solides à la température ordinaire et exigent une très-forte chaleur pour être réduits en vapeur; il est donc possible que la température à laquelle leur densité a pu être prise, ait été encore trop rapprochée de leur point de condensation.

21. Ce rapport entre les densités des gaz et leurs nombres proportionnels démontre que les lois fondamentales, développées plus haut pour les combisons en poids, ont la même valeur pour les combinaisons en volumes.

L'azote, par exemple, forme avec l'oxygène trois gaz renfermant :

Le protoxyde d'azote N^2O...16 oxygène pour 28 ou 2 fois 14 azote.

Le deutoxyde d'azote NO...16 oxygène pour 14 azote.

La vapeur nitreuse NO^2... 2 fois 16 ou 32 oxygène pour 14 azote.

Si l'on décompose ces trois gaz, on obtient :

Pour le protoxyde d'azote. $\left\{\begin{array}{l}\text{1 volume d'oxygène qui pèse } 16 \\ \text{2 volumes d'azote} \quad — \quad 2\times14=28\end{array}\right.$

Pour le deutoxyde d'azote. $\left\{\begin{array}{l}\text{1 volume oxygène} \quad — \quad 16 \\ \text{1 volume azote} \quad — \quad 14\end{array}\right.$

Pour la vapeur nitreuse. $\left\{\begin{array}{l}\text{2 volumes oxygène} \quad — \quad 2\times16=32 \\ \text{1 volume azote} \quad — \quad 14\end{array}\right.$

On remarque ici la même notation pour les poids que pour les volumes.

22. Mais il y a une chose essentielle à noter dans la combinaison des volumes : *C'est que la somme des volumes avant de se combiner, n'est pas toujours égale au volume de la combinaison ;* il y a le plus souvent contraction.

Ainsi, par exemple, l'hydrogène et l'oxygène se combinent dans le rapport de :

$$\frac{\begin{array}{l}\text{2 volumes d'hydrogène,} \\ \text{1 volume d'oxygène,}\end{array}}{\text{3 volumes,}}$$

qui se condensent de manière à produire 2 volumes de vapeur d'eau.

Dans le gaz ammoniac, on trouve :

$$\frac{\begin{array}{l}\text{1 volume d'azote,} \\ \text{3 volumes d'hydrogène,}\end{array}}{\text{4 volumes,}}$$

condensés de manière à produire 2 volumes de gaz ammoniac.

Il y a, cependant, quelques cas où le volume produit est égal à la somme des volumes employés : tel est celui du gaz hydrochlorique ClH, qui est formé par la combinaison, sans condensation, de volumes égaux de chlore et d'hydrogène.

$$\begin{array}{l} 1 \text{ volume de chlore et} \\ \underline{1 \text{ volume d'hydrogène,}} \\ 2 \text{ volumes,} \end{array}$$

produisent, en effet, 2 volumes de gaz hydrochlorique.

23. Ces divergences ne permettent pas, dans l'état de la science, de trouver par le calcul, à l'aide des densités connues, la densité vraie ou le poids du volume d'un corps simple, tel que le charbon, ne pouvant pas être réduit en vapeur, et donnant de nombreuses combinaisons gazeuses avec d'autres éléments dont les densités ont pu être déterminées.

Supposons qu'on veuille trouver la densité de l'oxygène, à l'aide de la densité du gaz hydrogène (0,069) et de celle de la vapeur d'eau (0,622), il est indispensable de connaître aussi le mode de contraction de l'hydrogène et de l'oxygène, lors de leur

combinaison. Comme on sait que 2 volumes d'hydrogène, en se combinant avec 1 volume d'oxygène,
produisent 2 volumes de vapeur d'eau, le calcul
donnera évidemment la densité réelle de l'oxygène.
En effet, on a :

$$2 \text{ vol. de vap. d'eau} \ldots \ldots 2 \times 0,622 = 1,244$$
$$\text{moins } 2 \text{ vol. d'hydrogène} \ldots \ldots 2 \times 0,069 = 0,138$$
$$\text{donnent } 1 \text{ vol. d'oxygène} \ldots \ldots \ldots 1,106.$$

Mais lorsqu'il s'agit de corps solides, comme le
charbon, qu'on ne peut pas vaporiser, il est impossible de savoir le mode de condensation, et par conséquent de trouver la densité vraie. Il faut alors re-
courir à des hypothèses, et, comme on ne peut pas
toujours s'entendre, les formules chimiques s'en
ressentent naturellement.

C'est ce qui explique les divergences dans la notation des formules de beaucoup de corps, et particulièrement des composés carbonés. Plusieurs chimistes, voyant que le gaz oxygène ne change pas de
volume, en se transformant en gaz carbonique par la
combustion du carbone, supposent, dans le gaz
carbonique, volumes égaux de vapeur de carbone
et d'oxygène, de telle sorte que la condensation se—

rait alors de 2 volumes à 1. Cela conduit, pour le carbone, à une densité hypothétique égale à 0,423 (air $= 1$). Mais rien ne démontre que ce soit là la densité vraie ; ce nombre peut fort bien n'en être qu'un multiple ou un sous-multiple. Aussi, beaucoup de chimistes font valoir d'autres considérations pour adopter le double de ce nombre, en vertu d'un mode de condensation supposé différent. On rencontre donc deux notations pour les combinaisons carbonées : les uns écrivent C^2O l'oxyde de carbone, et CO ou C^2O^2 le gaz acide carbonique ; les autres représentent l'oxyde de carbone par CO, et le gaz carbonique par CO^2. Pour les premiers, C a une valeur égale à 6 ; pour les seconds, cette valeur est double.

Il en est de même de toutes les combinaisons carbonées et de beaucoup d'autres corps.

24. J'insiste sur ces divergences, afin qu'on sache bien que les formules chimiques n'ont aucune valeur absolue. Il est donc permis de les modifier, suivant les rapports, les analogies qu'on tient à faire ressortir. Comme il importe, toutefois, d'adopter une notation exprimant le plus de faits à la fois, j'ai proposé, il y a quelques années, de tenir compte des volumes, et de ramener à un même volume les formules des com-

posés volatils, notamment des composés organiques. Cette notation, sans avoir la prétention d'être parfaite, est moins irrégulière que toutes les autres. Ainsi, j'écris plus volontiers OH^2 que OH comme beaucoup de chimistes (14), parce que la première formule exprime en même temps les rapports des volumes; mais alors je note aussi les oxydes semblables à l'eau par une formule équivalente : OAg^2, OPb^2, OFe^2, etc. Comme OH^2 correspond à 2 volumes, j'écris aussi les corps suivants ainsi : CO, CO^2, NH^3, ClH, NO^2, C^2H^6O, SO^3, etc.

Au reste, on peut, suivant les besoins, en combinant les exposants avec les indices (16), varier les notations de bien des manières.

25. Une notation régulière nous a conduits, M. Laurent et moi, à la découverte de plusieurs relations remarquables dans la composition des substances carbonées, dites organiques. Ces rapports peuvent se résumer de la manière suivante : *Dans toute substance organique représentée par 2 volumes de vapeur, la somme des coefficients des nombres proportionnels de l'hydrogène, de l'azote, du phosphore, de l'arsenic, et des corps halogènes, est représentée par un nombre pair.*

Ainsi, en prenant pour base, les nombres proportionnels de notre tableau, on a les formules suivantes :

		Somme des coefficients autres que ceux de l'oxygène et du carbone.
2 volumes d'alcool............	C^2H^6O	6
— d'éther.............	$C^4H^{10}O$	10
— d'acide acétique.....	$C^2H^4O^2$	4
— de chloral..........	$C^2(HCl^3)O$	4
— de cacodyle.........	$C^4(H^{12}As^2)$	14
— de cyanarsine.......	$C^3(H^6AsN)$	8
— de cyanogène........	C^2N^2	2
— d'acide hydrocyanique.	$C(NH)$	2

Nous pourrions citer, à l'appui de cette loi, toutes les substances organiques dont la densité, à l'état de vapeur, a été déterminée avec précision, c'est-à-dire plus de 200 combinaisons les plus diverses. Elle conduit nécessairement aux conséquences que voici : si l'on représente les combinaisons carbonées par 4 volumes, comme le font beaucoup de chimistes, il faut que la somme des coefficients en question devienne divisible par 4. On en conclut aussi, que si la formule d'une substance carbonée ne présente pas ces relations entre la densité de vapeur et la somme des coefficients d'hydrogène, d'azote et de corps halogènes, etc., cette formule doit être suspectée comme inexacte (a).

26. On a vu plus haut (23) que, si l'on ne connaît pas le mode de contraction dans la combinaison des éléments produisant un composé susceptible d'être réduit à l'état de gaz, on ne peut, par le calcul, à l'aide de la densité de ce composé et de l'un de ses éléments, obtenir qu'un nombre hypothétique pour la densité de l'autre élément, non vaporisable à l'état libre. Néanmoins, ce nombre hypothétique peut s'employer, dans d'autres calculs, comme un nombre vrai, pourvu qu'on lui conserve toujours la même valeur; car il représente un poids déterminé directement par l'expérience, et la seule incertitude où l'on se trouve, c'est de savoir le nombre des volumes correspondant à ce poids.

On s'est donc servi de la densité de plusieurs composés gazeux, pour calculer les densités hypothétiques de la vapeur des éléments suivants :

(a) Voir, pour plus de développements, mon Mémoire, *Revue scientifique*, 1842, t. x, pag. 151, et celui de M. Laurent, *Annales de chim. et de phys.*, 1846, t. xxiii, pag. 206.

	DENSITÉS CALCULÉES.		DENSITÉS AYANT SERVI AU CALCUL.	
	Poids du vol. d'air égal à 1,000.	Poids du vol. d'hydr. égal à 1.	Poids du vol. d'air égal à 1,000	Formules corr. à 2 vol.
Carbone....	0,846	12,2	1,529	CO
Bore........	0,574	8,2	3,042	BCl^3
Sélénium...	5,849	84,7	4,030	S eO
Tellure......	8,042	125,2	4,400	TeH^2
Fluor.......	1,352	19,5	2,312	BF
Silicium....	0,999	14,4	5,939	Si^{2}Cl^4
Titane......	1,894	27,4	6,836	Ti^{2}Cl^4
Étain........	4,250	61,5	9,190	Sn^{2}Cl^4
Antimoine..	8,490	118,0	7,800	SbCl^3
Bismuth....	15,290	221,5	11,350	BiCl^3
Chrome....	1,924	27,8	5,500	Cr^{2}O^{2}Cl^3

Les densités précédentes servent quelquefois, lorsqu'on veut comparer une densité obtenue directement par expérience avec celle résultant du calcul, à l'aide de la densité des éléments.

Exemple. La densité de la vapeur d'alcool rapportée à l'air, a été trouvée, par M. Gay-Lussac, égale à 1,6133 ; l'analyse de l'alcool donne les relations C^{2}H^{6}O ; or on a :

2 volumes de vapeur de carbone		1,692
6 — d'hydrogène		0,415
1 — d'oxygène		1,105
		3,212

Si le carbone, l'hydrogène et l'oxygène s'étaient unis sans condensation pour former l'alcool, le calcul donnerait, comme on le voit, 3,212; mais ce nombre représente, à peu de chose près, la moitié du chiffre expérimental $\frac{3,212}{2} = 1,606$.

La formule C^2H^6O correspond donc à 2 fois la densité de la vapeur d'alcool; elle représente 2 volumes d'alcool.

Il est fâcheux qu'on soit dans l'usage de rapporter les densités des gaz à l'air qui n'est pas un composé défini. Il vaudrait infiniment mieux prendre l'hydrogène pour terme de comparaison; on verrait alors, dans la plupart des cas, les densités se confondre avec les équivalents, et, pour les corps où il y aurait une différence, on trouverait du premier coup-d'œil les rapports multiples entre les équivalents et les densités.

CONSTITUTION DES CORPS.

27. La théorie, professée aujourd'hui sur la constitution des corps par la grande majorité des chimistes, a produit d'excellents résultats, on ne saurait le nier ; elle a été d'un grand secours, tant qu'il ne s'agissait que de quelques composés peu complexes, ne contenant que deux ou trois éléments, et appartenant à la nature minérale. Elle a permis de classer la plupart de ces corps, et quand il fallut, pour être conséquent, imaginer quelques composés hypothétiques (des acides anhydres, comme les acides nitrique, hypophosphoreux, oxalique), ces hypothèses ne parurent point hasardées, en présence des corps nombreux de la même catégorie qu'on avait réellement isolés.

Mais arriva la chimie organique. L'embarras fut grand dès le principe. On s'aperçut bien que la théorie électro-chimique n'y était plus applicable, qu'elle ne prédisait pas une seule métamorphose ; mais on crut trancher la difficulté en attribuant aux substances organiques (aux composés carbonés) une nature particulière, mystérieuse, comme si la distinction établie par nos livres entre la chimie organique et la chimie minérale, était autre chose qu'une subtilité amenée par les besoins de l'enseignement. On était si convaincu de la constitution électrique double de tout composé chimique, qu'on ne craignit pas, pour expliquer les phénomènes dans le sens de cette théorie, d'inventer toute une armée de corps hypothétiques (a).

La science a ainsi perdu en rigueur ; toutes ces hypothèses, souvent contradictoires, toujours arbitraires, y ont apporté une véritable confusion, en la remplissant d'êtres imaginaires, jouissant de tous les attributs des corps réels. Aussi, point d'unité dans l'enseignement de la chimie, point d'harmonie dans les théories, point de contrôle, et surtout point de prévoyance des phénomènes ; et cependant, c'est cette prévoyance qui, en définitive, constitue le but de toutes les recherches du savant.

(a) Voyez mes *Comptes-rendus des travaux de Chimie*. Année 1846, pag. 133.

Au reste, c'est, ce me semble, réduire la nature à des proportions bien mesquines que de restreindre sa puissance à la création d'un seul type de combinaisons, comme l'admet le dualisme électrochimique. Les types sont certainement plus nombreux; mais, ce qui est simple, ce sont les moyens mis en œuvre pour les produire, ce sont les lois des attractions chimiques.

28. La théorie dualistique assigne *à priori*, à tout composé, une disposition moléculaire semblable, qu'elle déduit d'un petit nombre de métamorphoses (de décompositions ou de recompositions), effectuées par la pile de Volta.

Mais il n'est pas exact de conclure de ces métamorphoses, c'est-à-dire du mouvement des molécules, sur la position qu'elles occupent dans l'état de repos ou d'équilibre. De ce que deux corps s'unissent directement pour en former un troisième, il ne s'ensuit pas que ce dernier les renferme sous la forme qu'ils affectaient à l'état libre.

L'acide sulfurique anhydre SO^3 s'unit directement à l'oxyde de baryum OBa^2 pour former du sulfate de baryte; M. Berzélius en conclut que ce dernier renferme

$$SO^3 + OBa^2,$$

c'est-à-dire que le sulfate de baryte constitue un édifice double, dont les deux parties sont SO^3 et OBa^2, de manière que l'oxygène s'y trouve engagé sous deux formes particulières. Cette conclusion serait juste, si le sulfate de baryte ne se produisait que par l'acide sulfurique et la baryte anhydres. Mais qu'on mette en contact de l'acide sulfureux anhydre SO^2 et du suroxyde de baryum O^2Ba^2, et il se produira le même sulfate de baryte. Si l'on admettait le raisonnement de M. Berzélius, il faudrait donc aussi considérer le sulfate de baryte comme une combinaison de

$$SO^2 + O^2Ba^2.$$

Enfin, avec du sulfure de baryum SBa^2 et de l'oxygène, on peut encore produire du sulfate de baryte, et ce sel, dans le sens de la théorie électro-chimique, serait donc aussi

$$SBa^2 + O^4.$$

Quelle est alors la véritable constitution du sulfate de baryte ? Est-ce une combinaison d'acide sulfurique et de baryte, ou d'acide sulfureux et de suroxyde barytique, ou d'oxygène et de sulfure de baryum ?

— 53 —

M. Berzélius et la plupart des chimistes adoptent de préférence la première opinion, parce que, disent-ils, on peut, par une série de métamorphoses effectuées sur le sulfate de baryte, reproduire l'acide sulfurique et la baryte anhydres. Mais ces chimistes oublient qu'avec le sulfate de baryte on peut aussi bien régénérer l'acide sulfureux et le suroxyde barytique, le sulfure de baryum et l'oxygène, de sorte que cette régénération des corps employés est un argument tout aussi nul que celui qui se fonde sur leur combinaison directe.

La seule chose en dehors de toute controverse, c'est le *rapport* des poids de soufre, de baryum et d'oxygène contenus dans le sulfate de baryte, quelle que soit la réaction qui l'a produite. En effet, on a :

$$SO^3 + OBa^2 = SO^4Ba^2$$
$$SO^2 + O^2Ba^2 = SO^4Ba^2$$
$$SBa^2 + O^4 = SO^4Ba^2.$$

D'ailleurs, si les éléments du sulfate de baryte se trouvent en présence dans les rapports voulus, soit d'une manière, soit d'une autre, on conçoit que la combinaison puisse se former, pourvu qu'on place ensemble ces éléments dans les circonstances favorables.

29. Un seul et même corps pouvant se produire dans plus d'une métamorphose, les réactions chimiques n'indiquent pas la disposition moléculaire ou la constitution des corps. Elles ne font connaître, d'une manière positive, que de simples rapports numériques entre des éléments hétérogènes.

Sans doute, ce qui différencie les corps, ce n'est pas seulement la qualité ou la quantité des éléments constituants : nous l'avons déjà dit (8), l'ordre dans lequel sont disposées les particules matérielles, joue, dans les phénomènes chimiques, un rôle non moins important que celui qui dérive de la nature et du nombre des composants. Mais les métamorphoses n'indiquent jamais cet ordre d'une manière absolue. Quand on compare entre elles les métamorphoses de deux composés semblables, par exemple, du sulfate de baryte et du sulfate de chaux, elles ne conduisent qu'à une appréciation *relative* de l'ordre moléculaire ; elles disent que :

Si le sulfate de baryte est.......... $SO^3 + OBa^2$,
le sulfate de chaux sera............. $SO^3 + OCa^2$;

ou bien que :

> Si le sulfate de baryte est........... $SO^3 + Ba^2$,
> le sulfate de chaux sera............... $SO^3 + Ca^2$;
> etc.

La connaissance de l'ordre moléculaire absolu dans un corps suppose évidemment celle de toutes les métamorphoses où il peut se produire. C'est chose impraticable aujourd'hui ; il nous reste encore bien du chemin à faire avant de pouvoir réaliser ce progrès. D'ailleurs, outre les métamorphoses chimiques, il faut aussi étudier les caractères physiques des corps, et notamment les relations qui existent entre leur composition et leur forme cristalline. On ne possède à cet égard que des données isolées, précieuses sans doute, mais d'où l'on ne saurait encore tirer des conséquences générales en faveur de l'ordre moléculaire de tous les corps. Les travaux cristallographiques dont MM. Mitscherlich, Laurent, H. Kopp ont déjà enrichi la science, font pressentir la solution prochaine de ces questions.

30. *Molécules, atomes.* — Quoi qu'il en soit, et pour simplifier le raisonnement, *nous considérons tout corps, simple ou composé, comme un édifice, comme un système unique, formé par l'assemblage, dans*

un *ordre déterminé mais inconnu, de particules infiniment petites et indivisibles, appelées atomes.* Ce système s'appelle la *molécule* d'un corps.

Dans la molécule d'un corps réputé simple, les
atomes sont similaires ou de même qualité, c'est-à-
dire que la science actuelle n'y voit aucune différence.

Dans la molécule d'un corps composé, les atomes
sont hétérogènes ou de qualité différente.

La matière est indestructible ; elle ne peut pas être
réduite à néant. Supposons qu'on la divise par tous
les moyens possibles, mécaniques ou chimiques, on
arrivera ainsi à une limite devant laquelle toute division ultérieure devra s'arrêter. La particule maté-
rielle qui oppose cette résistance, c'est l'*atome.*

Si les atomes n'avaient aucune attraction entre
eux, il est évident qu'ils flotteraient pêle-mêle dans
l'espace ; mais, comme cela n'est pas, comme, au
contraire, cette attraction ne cesse pas un seul instant d'agir sur eux, comme l'attraction est une propriété inhérente à la matière, il est clair aussi qu'à
l'aide de nos moyens de division, même en les sup-
posant le plus parfaits, *nous ne pourrons jamais diviser un atome ;* poussés jusqu'à la limite du possible,

ils ne sépareront de la matière qu'un *groupe d'atomes*, ou, comme nous l'appelons, une molécule.

Il est important de faire cette distinction entre les mots atome et molécule, car on les confond souvent dans les ouvrages de chimie. Un atome est indivisible, mais aussi il n'existe pas à l'état isolé ; une molécule est un groupe d'atomes, maintenus ensemble par l'attraction de la matière ; ce groupe est divisible par les actions chimiques ou mécaniques dont nous disposons, mais il ne l'est que jusqu'à une certaine limite ; une molécule doit se composer d'au moins deux atomes.

Le carbone est pour nous un corps simple, parce que chaque molécule que nous en séparons, ne nous semble composée que d'atomes similaires, d'atomes de la même qualité ; tandis que, dans l'oxyde de carbone, chaque molécule est composée d'un assemblage d'atomes de deux qualités différentes, d'atomes d'oxygène et d'atomes de carbone.

Ce raisonnement, comme on le voit, n'établit aucune différence entre la constitution d'un corps réputé simple et celle d'un corps composé ; et cela doit être, car nous n'avons pas la démonstration mathématique de la nature simple des éléments ré-

putés tels ; les progrès de la science pourraient
bien un jour décomposer le soufre , le carbone, les
métaux , et démontrer dans leur molécule l'hétéro-
généité des atomes.

Si , pour nous le représenter graphiquement, une
molécule de carbone était le résultat de l'attraction
de 4 atomes sphériques groupés d'une des manières
suivantes :

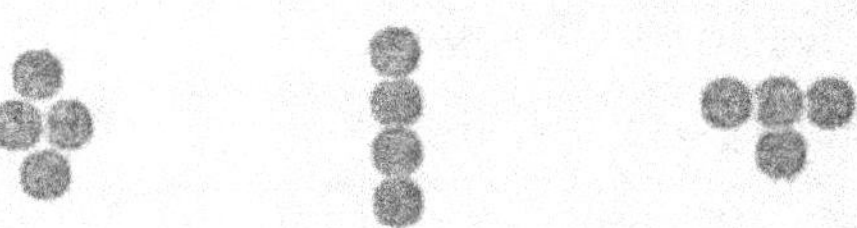

et qu'une molécule d'oxygène représentât un des
groupes suivants :

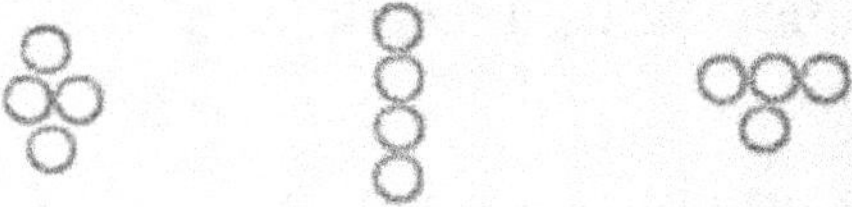

une molécule composée d'atomes dissemblables ,
d'atomes de carbone et d'atomes d'oxyde , pourrait avoir une des formes que voici :

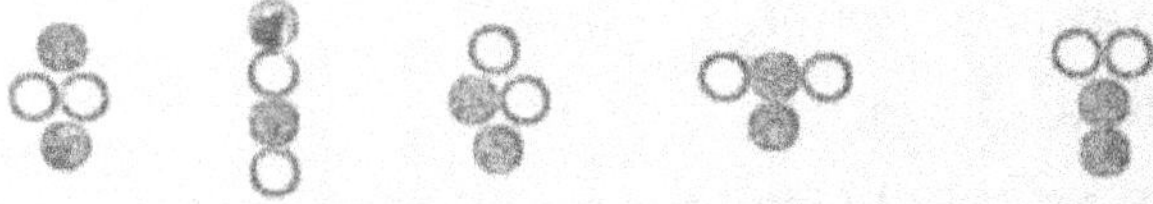

Dans la combinaison chimique , *les molécules
échangent donc leurs atomes*. Quand le carbone et

l'oxygène se combinent, la molécule de carbone échange un certain nombre d'atomes de carbone contre un certain nombre d'atomes d'oxygène, et réciproquement.

31. La considération des atomes rend parfaitement compte des proportions chimiques. On conçoit, en effet, que, si la molécule de chaque corps simple se compose d'atomes ayant un poids déterminé, ce même poids devra se retrouver n fois dans toutes les combinaisons, n étant un nombre entier.

Les nombres proportionnels donnent évidemment les poids relatifs de ces atomes. Si une molécule d'oxygène se compose d'atomes pesant chacun 16, et une molécule d'hydrogène d'atomes pesant chacun 1, la molécule d'eau, peut, d'après cela, se composer de 1 atome d'oxygène et de 2 atomes d'hydrogène, ou de n fois ce nombre d'atomes. Ici, atomes ou proportions deviennent donc synonymes. Aussi, se sert-on souvent du mot *poids atomique*, au lieu de nombre proportionnel ou d'équivalent; mais le sens n'est pas tout-à-fait le même.

32. Isomérie. — Toute molécule étant formée par un groupe d'atomes, ceux-ci peuvent différer, non-seulement par la qualité et par la quantité,

mais encore par la manière dont ils sont disposés, coordonnés, dans la molécule. Les figures précédentes font comprendre que, dans une molécule composée d'atomes similaires, ceux-ci peuvent être rangés de plusieurs manières, les uns par rapport aux autres ; il en est de même, à plus forte raison, des atomes hétérogènes.

La notion de l'ordre moléculaire permet de définir avec précision un grand nombre de phénomènes, inexplicables à l'aide des seules notions de qualité et de quantité ; je veux parler de l'*isomérie*, de la *métamérie* et de la *polymérie*.

Beaucoup de corps, très-différents par leurs propriétés, ont identiquement la même composition. Ainsi, l'acide lactique, le vinaigre ou acide acétique, le sucre de raisin, donnent à l'analyse exactement les mêmes proportions de carbone, d'hydrogène et d'oxygène ; le gaz de l'éclairage, l'essence de roses, plusieurs huiles grasses renferment aussi les mêmes proportions de carbone et d'hydrogène ; le diaspore et l'alumine précipitée contiennent les mêmes quantités d'aluminium, d'oxygène et d'eau, et cependant l'un est insoluble dans les acides concentrés, tandis que l'autre s'y dissout aisément.

L'éther formique de l'alcool et l'éther acétique de l'esprit de bois ont encore la même composition ; mais l'un donne, par les alcalis, de l'alcool et du formiate, et l'autre, de l'esprit de bois et de l'acétate ; le cinabre est rouge et cristallisé, le sulfure de mercure précipité est noir et sans texture cristalline : ce sont là ce qu'on appelle des *corps isomères* (ισομερης, composé des mêmes parties).

Dans la théorie atomique, l'isomérie peut provenir de deux causes. Ou les molécules isomères renferment le même nombre d'atomes, mais groupés dans un ordre différent ; alors elles sont *métamères* (la particule μετα indiquant la transposition). Ou les molécules isomères ne contiennent pas le même nombre d'atomes, et, dans ce cas, l'une ne renferme que la moitié, le tiers ou le quart de la somme des atomes de l'autre ; elles sont alors appelées *polymères* (πολυμερης , composé de parties multiples).

Quelques exemples feront comprendre le sens de ces mots. L'éther formique de l'alcool et l'éther acétique de l'esprit de bois donnent, tous les deux, à l'analyse, les rapports $C^5H^6O^2 = 2$ volumes de vapeur ; ils renferment, sous le même volume, les mêmes proportions, c'est-à-dire le même nombre d'atomes, de carbone, d'hydrogène et d'oxygène. Mais ces éléments ne sont pas groupés de la même manière dans les deux éthers; si l'on représente ce groupement,

dans le premier, par.......... (C^2H^5, CH^2O^2),
il sera dans le second.......... $(CH^2, C^2H^4O^2)$.

Le premier, en fixant les éléments de l'eau, donne de l'alcool C^2H^6O et de l'acide formique CH^2O^2, et l'autre fournit, par la même métamorphose, de l'esprit de bois CH^4O et de l'acide acétique $C^2H^4O^3$.

Dans les corps polymères, il y a bien le même nombre relatif d'atomes, mais le nombre absolu est différent. Telles sont les combinaisons suivantes de carbone et d'hydrogène :

$$\left.\begin{array}{l} C^2H^4\dots\dots\dots\dots \\ C^4H^8\dots\dots\dots\dots \\ C^6H^{12}\dots\dots\dots\dots \\ C^{12}H^{24}\dots\dots\dots\dots \end{array}\right\} = 2 \text{ volumes.}$$

Le gaz oléfiant C^2H^4 et les huiles grasses liquides C^4H^8, C^6H^{12}, $C^{12}H^{24}$, etc., donnent à l'analyse les mêmes proportions de carbone et d'hydrogène; mais, sous le même volume, l'huile $C^{12}H^{24}$ renferme 6 fois plus d'atomes que le gaz oléfiant; l'huile C^4H^8 en contient 2 fois plus, etc.

Il en est ainsi encore de l'acide acétique $C^2H^4O^3$, de l'acide lactique $C^6H^{12}O^6$, et du sucre de raisin $C^{12}H^{24}O^{12}$. Ce sont aussi des corps polymères.

Les caractères différents du diaspore et de l'alumine précipitée, du cinabre rouge et du sulfure de mercure noir, sont aussi le résultat d'une métamérie ou d'une polymérie.

Ces deux cas d'isomérie se présentent également dans les corps simples. Le charbon noir et le diamant sont tous les deux du carbone ; mais la molécule de l'un renferme, ou plus d'atomes que l'autre, ou le même nombre d'atomes différemment groupés.

Les différentes modifications du soufre appartiennent encore à la même classe de phénomènes. Si l'on fait fondre le soufre au-delà de 160°, il s'épaissit, et si alors on le refroidit brusquement, il reste mou, rouge-brun et transparent ; on peut l'employer, dans cet état, pour prendre des empreintes de médailles, de cachets, etc. Comment expliquer ces propriétés autrement que par une différence de groupement dans la molécule du soufre soumis à l'action de la chaleur ?

Le phosphore présente des particularités semblables.

M. Berzélius désigne l'isomérie chez les corps simples par le mot *allotropie*.

33. ISOMORPHISME. — Les corps de constitution semblable ont souvent la même forme géométrique ; ils sont, comme on dit, *isomorphes*. Il existe, par exemple, une série de carbonates cristallisant sous les formes dérivant d'un rhomboèdre, dont les angles sont sensiblement les mêmes ; les voici :

$CO^3(Ca^2)$, spath d'Islande, rhomboèdre de		$105°5'$
$CO^3(CaMg)$, dolomie	—	$106°15'$
$CO^3(Mg^2)$, giobertite	—	$107°25'$
$CO^3(Mn^2)$, diallogite	—	$107°20'$
$CO^3(Fe^2)$, sidérose	—	$107°0'$
$CO^3(FeMg)$, pistomésite	—	$107°18'$
$CO^3(Fe_{\frac{1}{3}}Mg_{\frac{4}{3}})$, mésitine	—	$107°14'$
$CO^3(Fe_{\frac{1}{6}}Mg_{\frac{2}{3}})$, breunérite	—	$107°30'$
$CO^3(Zn^2)$, smithsonite	—	$107°40'$.

La similitude de forme (a) de ces minéraux est si grande, qu'il est souvent difficile de les distinguer sans le secours de l'analyse.

Chose plus singulière, les substances isomorphes

(a) Les commençants pourront consulter le petit *Précis* de M. Laurent, pour toutes les notions de cristallographie nécessaires à l'étude de la chimie.

ayant à peu près la même solubilité, cristallisent ensemble en toutes proportions, si bien qu'il est quelquefois impossible de les séparer par cristallisation. Les aluns sont dans ce cas. Si l'on prend des cristaux d'alun à base d'ammonium, et qu'on les plonge dans une solution saturée d'alun à base de potassium, ils y croîtront régulièrement par couches parallèles ; de cette solution, qu'on les porte dans une autre d'alun à base d'ammonium et l'on obtiendra ainsi des cristaux très-réguliers, composés de couches de nature différente. Si l'on mélange les deux solutions, les cristaux y croîtront en s'assimilant indistinctement les molécules de l'un et de l'autre alun, et se trouveront enfin formés d'éléments différents dans des proportions fort variables.

Ce résultat tient évidemment à ce que les molécules des deux espèces d'alun ont la même forme, et sont sans doute animées des mêmes forces : il est alors indifférent, pour l'accroissement du cristal, qu'il s'approprie une molécule de l'un des sels, ou une molécule de l'autre.

Ces faits, observés pour la première fois par Gay-Lussac, ont reçu une grande extension par

6.

les travaux de M. Mitscherlich, à qui l'on doit la
plupart des séries isomorphes aujourd'hui connues.
Je vais en citer les principales :

1re Série : Les sulfates, les séléniates, les manganates et
les chromates à même base.

2e Série : Les phosphates et les arséniates à même base.

3e Série : Les chlorures, les iodures, les fluorures et les
bromures à même base.

4e Série : Les sels de Ba, Sr et Pb du même genre.

5e Série : Les sels de K, Am et Na anhydres du même
genre.

6e Série : Les sels de Mg, Zn, Mn, Fe, Co, Ni, Cu
du même genre, et renfermant la même eau
de cristallisation.

7e Série : Les sels de $Cr\beta$, $Mn\beta$, $Al\beta$, $Fe\beta$ du même
genre.

34. Plusieurs corps, tels que le soufre, le carbonate de Ca, se rencontrent quelquefois sous deux
formes entièrement incompatibles.

Le soufre naturel, ou cristallisé dans le sulfide
carbonique, se présente en octaèdres à base rhombe,
dérivant du système prismatique rectangulaire droit;
tandis que le soufre cristallisé par fusion affecte la
forme de prismes obliques à base rhombe, forme
qui ne saurait être ramenée à la précédente.

Le carbonate de Ca se rencontre tantôt en rhomboèdres ou en cristaux dérivés d'un rhomboèdre
(spath d'Islande) , tantôt en prismes droits à base
rhombe (arragonite) , et cette dernière forme est
incompatible avec les formes du système rhomboédrique.

On serait donc tenté d'admettre qu'un même corps
puisse avoir deux formes différentes. Mais cette conclusion n'est pas rigoureusement exacte , car le
carbonate de Ca rhomboédrique diffère par certains
caractères du carbonate prismatique. Celui-ci , en
effet , ne se laisse plus cliver en rhomboèdres , n'a
plus la même dureté , est plus dense , se comporte
autrement au chalumeau , et n'agit pas de la même
manière sur la lumière , etc. Il y a donc ici un véritable cas d'isomérie. Les deux modifications du
soufre correspondent aussi chacune à des caractères physiques différents.

On donne le nom de *corps dimorphes* , aux substances isomères qui cristallisent ainsi sous deux
formes incompatibles.

Souvent les sels, en cristallisant dans l'eau, présentent, suivant les circonstances de température ou
d'évaporation, des formes entièrement incompati-

bles ; mais ce ne sont pas toujours des cas de dimorphie. Elles peuvent tenir à des quantités différentes d'eau de cristallisation, fixées par les sels, et ceux-ci constituent alors des composés véritablement différents.

35. VOLUME ATOMIQUE. — On a cherché, depuis long-temps, une relation entre la composition des corps, et leur densité à l'état solide. Cette densité est sujette à tant de variations, qu'on n'est pas encore arrivé à des résultats bien certains. Il faut faire exception toutefois en faveur des corps isomorphes, pour lesquels M. Hermann Kopp (a) a trouvé des résultats remarquables. Ce physicien a constaté que, *dans les corps isomorphes d'une constitution analogue, les poids spécifiques sont proportionnels aux poids atomiques.*

Si l'on représente cette relation par

$$\frac{p}{d} = v,$$

p étant le poids atomique et d le poids spécifique, les corps isomorphes donnent sensiblement la même valeur pour v. Je dis sensiblement, car il existe

____

(a) *Annal. de chim. et de phys.*, 2ᵉ série, tom. LXXV, pag. 406.

toujours de légères différences entre les angles des substances isomorphes, soit naturellement, soit par l'effet des températures différentes où les densités ont été prises, et qui modifient ces angles par l'inégale dilatation des axes.

v porte le nom de *volume atomique*.

Voici une série d'oxydes OM^2 isomorphes, cristallisant dans le système régulier, où cette inégale dilatation n'a pas lieu. Ils donnent des valeurs assez rapprochées :

	p	d	v
Fer oligiste (martite).	$O(Fe\beta^2)$	4,70	11,4
Fer magnétique....	$O(Fe\beta_{\frac{3}{4}}Fe_{\frac{1}{4}})$	5,10	11,4
Gahnite.	$O(Al\beta_{\frac{1}{2}}Zn_{\frac{1}{2}})$	4,23	10,9
Spinelle.	$O(Al\beta_{\frac{3}{4}}Mg_{\frac{1}{2}})$	4,56	10,6
Fer chromé.	$O(Cr\beta_{\frac{2}{4}}Fe\beta_{\frac{1}{4}}Al\beta_{\frac{1}{4}})$	4,40	11,2
Francklinite.	$O(Fe_{\frac{1}{4}}Zn_{\frac{1}{4}}Fe\beta_{\frac{1}{4}}Mn\beta_{\frac{3}{4}})$.	5,19	11,1

(Voir plus bas (39) pour la signification de β.)

Il n'y a entre ces volumes atomiques que de légères différences, provenant de ce qu'on n'a pas, dans le calcul des formules, tenu compte des métaux renfermés en petite quantité dans les minéraux. Il est excessivement rare qu'un minéral soit chimiquement pur ; comme la présence de la plus faible quantité d'une substance étrangère en modifie toujours le poids spécifique, on ne saurait évidemment obtenir un nombre rigoureusement exact, en divisant par le poids spécifique le poids atomique de la substance supposée chimiquement pure.

Il ne faudrait pas cependant croire que tous les corps, cristallisant dans le système régulier, aient le même volume atomique. L'existence des corps polymères prouve que des oxydes peuvent fort bien cristalliser dans ce système, et renfermer néanmoins un nombre d'atomes différent. Leur volume atomique n'est alors plus le même.

A l'appui de cette assertion, je citerai l'oxyde cuivreux et l'oxyde ou anhydride arsénieux, cristallisant tous les deux dans le système cubique. Si l'on calcule le volume atomique de ces oxydes, en ramenant leur formule à l'expression OM^2, on trouve pour l'un 23,6, et pour l'autre 18,0. Ces nombres représentent sensiblement des multiples par 2 et par $\frac{5}{8}$ du volume atomique des minéraux précédents. C'est comme si l'on avait :

$$\left. \begin{array}{l} (OM^2) \quad \text{dans les minéraux cités..} \\ 2(OM^2) \quad \text{dans l'oxyde cuivreux...} \\ \tfrac{5}{8}(OM^2) \quad \text{dans l'anhydride arsénieux} \end{array} \right\} \text{ pour le même volume.}$$

Sous le même volume, l'oxyde cuivreux contiendrait donc 2 fois, l'anhydride arsénieux $\frac{3}{2}$ fois le nombre des atomes renfermés dans les autres oxydes.

SUBSTITUTIONS.

36. Lorsqu'un corps se métamorphose, ses propriétés ne changent pas toujours d'une manière brusque ; souvent le produit d'une métamorphose partage un grand nombre de caractères avec la substance d'où il résulte. Cette similitude se traduit dans les réactions chimiques, et souvent même dans la forme cristalline.

L'alun ordinaire qui cristallise en octaèdres réguliers, peut échanger tout le potassium qu'il renferme pour du sodium, tout l'aluminium pour du chrome ou du manganèse, sans que sa forme en soit altérée. Ces nouveaux éléments modifient bien la couleur et quelques autres propriétés de l'alun, mais il en conserve beaucoup d'autres malgré cet échange ; il donne une solution précipitant les sels de baryum et de plomb, comme l'alun ordinaire, et présente les autres caractères qui distinguent les corps appelés sulfates.

La naphtaline $C^{10}H^8$ est un produit composé de carbone et d'hydrogène, fort abondant dans les fabriques de gaz. M. Laurent a obtenu avec ce corps un grand nombre de dérivés, où le chlore et le brôme remplacent successivement l'hydrogène; et tous ces produits, si différents par la composition, se ressemblent à un si haut degré, que sans l'analyse on ne saurait les distinguer. Voici, entre autres, les composés découverts par ce chimiste :

$$C^{10}H^6Cl^2,$$
$$C^{10}H^4Cl^3,$$
$$C^{10}H^4BrCl^2,$$
$$C^{10}H^4Cl^4,$$
$$C^{10}H^2Cl^8, \text{ etc.}$$

Tous ces corps cristallisent en longs prismes à 6 pans de 120°, sont mous comme de la cire, se laissent tordre en tous sens sans se briser, se clivent avec facilité parallèlement à l'axe, sont très-solubles dans l'éther et très-peu solubles dans l'alcool.

L'acide acétique $C^4H^4O^2$ présente un autre exemple de ce genre. On peut y remplacer une partie de l'hydrogène par du chlore, sans que le produit cesse d'être acide, et ce dernier, ainsi que l'a démontré **M. Dumas**, suit les mêmes lois de métamorphose que l'acide acétique, quand on le soumet aux mêmes agents de décomposition. Voici, en effet, la série des combinaisons qu'on peut produire avec l'acide acétique et avec l'acide chloracétique.

Acide acétique.	Acide chloracétique.
$C^4H^4O^3$	$C^4HCl^3O^3$.
$C^4KH^3O^3$	$C^4KCl^3O^3$.
$C^4H^4O^3N$	$C^4H^4Cl^3O^3N$.
C^4H^3N	C^4Cl^3N.
CH^4	$CHCl^3$.

Il existe une aussi grande ressemblance entre deux termes parallèles de ces séries, qu'entre l'acide acétique et l'acide chloracétique.

37. Il y a donc des corps qui peuvent se *substituer* les uns aux autres, et donner naissance à des combinaisons semblables. Ces substitutions n'ont pas lieu dans toutes les circonstances quand ces corps sont mis en présence, mais elles dépendent de certaines conditions dans les détails desquelles nous ne pouvons pas entrer ici.

Nous nous bornerons à faire connaître les principaux groupes de corps capables de se substituer ainsi.

I. Groupe des métaux : toute la série des métaux inscrits dans notre second tableau (7). Ces substitutions sont connues sous le nom de *substitutions salines*.

II. Groupe dit *métaleptique*, comprenant l'hydrogène, le chlore, le brôme, l'iode, et le fluor. Les composés organiques présentent fréquemment ce genre de substitution.

III. Groupe de l'azote, du phosphore et de l'arsenic.

IV. Groupe de l'oxygène, du soufre, du tellure et sélénium, d'une part ; du chlore et des autres éléments halogènes, de l'autre. Ce groupe se rencontre particulièrement dans les anhydrides.

Ces substitutions donnent un sens plus absolu au mot équivalent. En effet, lorsque Cl, par exemple, remplace H dans l'acide acétique, Cl ou 36 chlore, ni plus ni moins, devient l'équivalent de H ou 1 hydrogène ; Cl^2 est alors l'équivalent de H^2, Cl^5 de H^5, et ainsi de suite. Tandis que le nombre proportionnel d'un élément peut être choisi parmi deux ou plusieurs nombres résultant de l'analyse de deux ou de plusieurs combinaisons qui contiennent cet élément, l'équivalent a ici une valeur fixe. Les poids des équivalents restent toujours les mêmes, quelles que soient les valeurs inscrites dans la table des nombres proportionnels. Si, par exemple, partant d'une autre convention que celle que nous avons adoptée, nous avions pris 18 pour nombre proportionnel du chlore, l'hydrogène toujours égal à 1, cela ne ferait que changer la notation des combinaisons chlorées ; mais 36 chlore resterait toujours l'équivalent de 1 hydrogène ; seulement, on écrirait

$$\text{l'acide hydrochlorique } HCl^2,$$
$$\text{l'acide chloracétique } C^2HCl^6O^2.$$

Cl^2 serait alors l'équivalent de H. Si la table portait pour valeur de Cl le nombre 72, il est évident, par la même raison, que $Cl^{\frac{1}{2}}$ deviendrait alors l'équivalent de H, et l'on noterait

$$\text{l'acide hydrochlorique } H\,Cl^{\frac{1}{2}},$$
$$\text{l'acide chloracétique } C^2\,H\,Cl^{\frac{3}{2}}\,O^2.$$

On comprend, d'après cela, pourquoi *deux symboles peuvent exprimer deux équivalents sans être affectés du même coefficient*, puisque le coefficient dépend du choix du nombre proportionnel inscrit dans le tableau.

Voici encore un autre exemple. On peut, dans l'acide sulfurique ou sulfate d'hydrogène SO^4H^2, remplacer l'hydrogène par un autre métal, sans que le produit cesse d'avoir les caractères d'un sulfate ; l'expérience

indique qu'il faut remplacer 2 hydrogène par 56 fer,
et l'on obtient alors le sulfate de fer ou vitriol vert.
Notre table donne au symbole Fe la valeur 28 :
nous écrirons par conséquent le vitriol vert :

$$SO^4Fe^2.$$

D'autres chimistes donnent au symbole Fe la va-
valeur 56 ; pour ceux-ci, le vitriol vert devient
évidemment :

$$SO^4Fe,$$

et, dans cette dernière notation, Fe est alors l'équivalent de H^2.

L'hydrogène de l'acide sulfurique peut aussi être
remplacé par de l'aluminium ; on a trouvé par expérience que 9,13 aluminium se substituent, dans ce
cas, à 1 hydrogène. Or, 9,13 aluminium représen-
tent les $\frac{2}{3}$ de la valeur 13,7 inscrite dans notre table :
dès-lors, $2 \times \frac{2}{3}$Al remplaceront 2H, et l'on écrira le
sulfate d'aluminium :

$$SO^4Al^{\frac{4}{3}}.$$

Le sens du mot équivalent implique donc celui
de fonction semblable et de propriétés définies,
tandis que le mot nombre proportionnel ne désigne
qu'une valeur numérique choisie arbitrairement, et
rapportée à une unité de convention.

7.

38. **Est-ce à dire**, d'après cela, qu'un corps ne puisse avoir qu'un seul équivalent?

Répondre par l'affirmative, ce serait dire, par exemple, que le chlore joue toujours le rôle de l'hydrogène, puisque, d'après notre définition, l'équivalence suppose une similitude de fonctions; or, ce serait entièrement contraire à l'expérience, car le chlore peut aussi jouer le rôle de l'oxygène (notre 4e groupe); mais alors ce n'est plus un poids de Cl ou 36 chlore qui se substitue à O ou 16 oxygène, mais c'est Cl^2 ou 72 chlore qui devient l'équivalent de O.

Voilà donc :

Cl ou 36 chlore, équivalent de **H**.

Cl^2 ou 72 chlore, équivalent de O.

D'où l'on voit que le chlore a au moins deux corps équivalents, deux corps qui peuvent s'y substituer, et à chacun de ces deux corps correspond un poids particulier de chlore, qu'on appelle indifféremment son équivalent ; mais l'équivalent Cl a des propriétés différentes de l'équivalent Cl^2.

Quand on parle de l'équivalent d'un corps, il faut toujours indiquer à quel autre corps, à quelles fonctions, à quelles propriétés cet équivalent doit correspondre.

39. Nous admettrons, par conséquent, comme un

fait démontré, *qu'un seul et même corps peut avoir plusieurs équivalents.*

Cette vérité est surtout importante pour les métaux dont plusieurs ont, par rapport à l'hydrogène, deux équivalents donnant lieu à deux espèces différentes de combinaisons salines. Ces métaux sont notamment

le fer,

le manganèse,

le chrome,

le cuivre,

le mercure,

le platine,

l'étain.

Ces métaux peuvent remplacer H dans les rapports suivants :

Fe dans les sels ferreux, et $Fe_{\frac{2}{3}}$ dans les sels ferriques.

Mn — manganeux, et $Mn_{\frac{2}{3}}$ — manganiques.

Cr — chromeux, et $Cr_{\frac{2}{3}}$ — chromiques.

Cu — cuivriques, et Cu^{2} — cuivreux.

Hg — mercuriques, et Hg^{2} — mercureux.

Pt — platineux, et $Pt_{\frac{1}{2}}$ — platiniques.

Sn — stanneux, et $Sn_{\frac{1}{2}}$ — stanniques.

A chaque équivalent, métallique ou métalleux, correspondent des propriétés particulières, comme nous le verrons par la suite. C'est comme si l'hydrogène était remplacé, dans ces deux espèces de combinaisons, par le même métal différemment condensé. (Voir plus haut, 32, *Polymérie*.)

Pour faire mieux comprendre, dans les formules, que les valeurs $Fe^{\frac{2}{3}}$, Cu^2, $Pt^{\frac{1}{2}}$, etc., correspondent à des équivalents particuliers, il est avantageux de remplacer les coefficients par des lettres grecques, comme si le symbole, ainsi accompagné, appartenait à un métal tout différent. En effet, les sels qui renferment, par exemple, l'équivalent $Fe^{\frac{2}{3}}$ sont aussi différents des sels renfermant Fe, que le sont ceux de Co, de Cu, etc. J'exprimerai donc par α, β, γ et δ les valeurs 2, $\frac{2}{3}$, $\frac{1}{2}$, $\frac{1}{3}$ qui se présentent le plus fréquemment.

40. Voici les valeurs équivalentes pour les quatre groupes de substitutions que nous avons indiquées.

Premier groupe dit des métaux (a) :

H	hydrogène, dans les acides.		
K	potassium,	—	sels potassiques.
Na	sodium,	—	— sodiques.
Ba	baryum,	—	— barytiques.
Sr	strontium,	—	— strontiques.

(a) Voir pour la valeur numérique des symboles, la Table des nombres proportionnels (15).

Ca	calcium,		—	calciques.
Mg	magnésium,		—	magnésiques.
Zn	zinc,		—	zinciques
Co	cobalt,		—	cobaltiques.
Ni	nickel,		—	nickéliques.
Cd	cadmium,		—	cadmiques.
Pb	plomb,		—	plombiques.
Ag	argent,		—	argentiques.
$Bi\frac{1}{3}$ ou $Bi\delta$	bismuthicum,	—	—	bismuthiques.
$Sb\frac{1}{3}$ ou $Sb\delta$	antimonicum,	—	—	antimoniques.
Fe	ferrosum		—	ferreux (protosels).
$Fe\frac{2}{3}$ ou $Fe\beta$	ferricum,		—	ferriques (persels).
Cr	chromosum,		—	chromeux.
$Cr\frac{2}{3}$ ou $Cr\beta$	chromicum,	—	—	chromiques.
$Al\frac{1}{3}$ ou $Al\beta$	aluminicum,	—	—	aluminiques.
Mn	manganosum		—	manganeux (protosels).
$Mn\frac{1}{3}$ ou $Mn\beta$	manganic.,	—	—	manganiques (persels).
Cu	cupricum,		—	cuivriques (deutosels).
Cu^2 ou $Cu\alpha$	cuprosum,	—	—	cuivreux (protosels).
Hg	mercuricum,		—	mercuriques (deutosels).
Hg^2 ou $Hg\alpha$	mercurosum,	—	—	mercureux (protosels).
Sn	stannosum,		—	stanneux (protosels).
$Sn\frac{1}{3}$ ou $Sn\gamma$	stannicum,		—	stanniques (deutosels).
Pt	platinosum,		—	platineux (protosels).
$Pt\frac{1}{3}$ ou $Pt\gamma$	platinicum,		—	platiniques (deutosels).
$Au\frac{1}{3}$ ou $Au\beta$	auricum,	—	—	auriques.
$U\frac{1}{3}$ ou $U\delta$	uranicum,	—	—	uraniques.

Nous donnerons plus bas (54) les valeurs équivalentes des acides et des sels métalliques.

Deuxième groupe dit métaleptique :

H hydrogène
Cl chlore
Br brôme   } dans une infinité
I iode   de substances carbonées, etc.
F fluor

Troisième groupe :

N azote, dans les alcaloïdes azotés.

P phosphore,   ———   phosphorés.

As arsenic,   ———   arséniés.

Quatrième groupe :

O   oxygène, dans les anhydrides oxygénés

S   soufre,   ———   ———   sulfurés.

Se sélénium,   ———   ———   séléniés.

Te tellure,   ———   ———   tellurés.

Cl^2 chlore,   ———   ———   chlorés.

Br^2 brôme,   ———   ———   bromés.

I^2 iode,   ———   ———   iodés.

F^2 fluor,   ———   ———   fluorés.

41. Un autre cas de substitution, c'est celui des corps simples par des corps composés.

On a constaté que certains groupes de corps composés peuvent se substituer à des corps simples, tout en conservant au produit un certain nombre des caractères propres à la substance primitive. Ainsi, par exemple, les sels ammoniacaux sont tous isomorphes avec les sels de potasse correspondants. On ne saurait distinguer, à l'aspect seul, le sulfate d'ammonium du sulfate de potassium ; la forme est identiquement la même, les deux sels se comportent comme des sulfates, et cependant

$$\text{l'un renferme } SO^4(K^2)$$
$$\text{et l'autre.... } SO^4(N^2H^8).$$

Une aussi grande ressemblance existe entre le sel ammoniac et le chlorure de potassium ; tous les deux cristallisent en cubes incolores :

$$\text{Chlorure de potassium } Cl(K).$$
$$\text{Sel ammoniac...... } Cl(NH^4).$$

Bien mieux, ce même groupe (NH^4) peut donner avec d'autres métaux, par exemple, avec le mercure, des combinaisons ayant tout l'aspect métallique des alliages et des amalgames. Ainsi, lorsqu'on décompose une rondelle de sel ammoniac par la pile voltaïque, en présence d'un globule de mercure, dans lequel plonge le pôle négatif, la rondelle reposant elle-même sur une lame de platine en communication avec le pôle positif, on voit le mercure augmenter de volume et se convertir en une masse

butyreuse douée d'un éclat argentin. Ce produit dur-
cit au-dessous de 0° et cristallise en cubes réguliers ; il renferme du mercure, les éléments de
l'ammoniaque, plus de l'hydrogène, et porte le
nom d'*amalgame d'ammonium*. On peut le représenter par :

$$Hg^x(NH^4)^y \ldots \ldots \ldots \text{amalgame d'ammonium,}$$
$$\text{semblable à } Hg^x(K)^y \ldots \ldots \ldots \text{amalgame de potassium.}$$

Voilà donc $(NH^4) = Am$ qui occupe la place de **K**,
c'est-à-dire, d'un métal simple. Aussi, Ampère a
supposé depuis long-temps, que les sels ammoniacaux renfermaient un métal composé, auquel il a
donné le nom d'*ammonium*. Mais il n'est pas nécessaire d'admettre l'existence d'un semblable métal, et
nous verrons plus tard que tous les alcaloïdes se
comportent comme l'ammoniaque ; le groupe (NH^4)
peut fort bien exister en combinaison, sans pouvoir
être isolé.

Et, d'ailleurs, on connaît une foule d'autres
groupes semblables qui n'existent aussi qu'en combinaison. Le mot ammonium ne désignera donc pour
nous que des proportions déterminées d'azote et
d'hydrogène, contenues dans certaines combinaisons

et formant ensemble un groupe équivalant aux métaux salifiables.

Voici les principaux groupes, pouvant se substituer à des corps simples :

Groupe des métaux. — NH^4, c'est-à-dire (NH^3+H) remplace H et tous les métaux simples , avec la valeur indiquée
plus haut (40). Une semblable substitution peut s'effectuer
par tous les alcaloïdes , aniline , quinine , morphine , etc.;
c'est toujours l'alcaloïde $+$ H qui remplace H ou le métal
dans les sels.

Groupe métaleptique. — H^2 et les halogènes Cl^2, Br^2, etc.,
sont remplacés dans beaucoup de substances organiques par
NO^2H; ou , ce qui revient au même, H,Cl, Br est remplacé par NO^2 (*a*).

Ainsi, on a les combinaisons suivantes :

$$C^7H^6O^3 \quad \text{Acide salicylique normal.}$$
$$C^7H^5BrO^3 \quad - \quad \text{salicylique bromé.}$$
$$C^7H^4Br^2O^3 \quad - \quad \text{salicylique bibromé.}$$
$$C^7H^3Br^3O^3 \quad - \quad \text{salicylique tribromé.}$$
$$C^7H^4Cl^2O^3 \quad - \quad \text{salicylique bichloré.}$$
$$C^7H^5XO^3 \quad - \quad \text{salicylique nitré (nitro-salicyli-}$$
que, indigotique ou anilique).

(*a*) Voir dans mon *Précis de chimie organique*, I, 64 , les développements que j'ai donnés à cet égard.

X représente ici NO^2 ; c'est un signe dont on fait fréquemment usage pour désigner ce groupement.

Les corps de la série métaleptique sont souvent remplacés par CN ou Cy (cyanogène), comme dans les combinaisons suivantes :

C^7H^6O Benzoïlol normal ou essence d'amandes amères.

C^7H^5ClO —   chloré (chlorure de benzoïle de quelques chimistes).

C^7H^5CyO —   cyané (cyanure de benzoïle).

Un autre genre de remplacement des corps simples de ce groupe, c'est par NH^2 ou Ad (amidogène),

C^7H^5AdO Benzoïlol amidé ou benzamide.

Ajoutons aussi, que, dans certains cas, H^2 ou Cl^2 est remplacé par NH (imide) ; ce dernier mode de remplacement se présente aussi pour O. Cependant, il entraîne des modifications plus profondes dans les propriétés des combinaisons où il s'est effectué.

Nous ne nous arrêterons pas sur ces substitutions dont le développement complet sort des limites d'un ouvrage élémentaire. Nous terminerons par cette seule remarque que les commençants pourront utiliser dans l'appréciation de ce genre de substitu-

tions, fréquentes surtout parmi les substances carbonées ou organiques : c'est que, lorsqu'une substance composée agit sur une matière organique pour
y remplacer soit de l'hydrogène, soit de l'oxygène,
soit du chlore, cette substitution se fait de telle
manière qu'il se sépare aux dépens du corps réagis-
sant et de la matière organique, un composé fort
simple tel que l'eau, l'acide hydrochlorique, etc.,
tandis que les éléments restants demeurent en combinaison.

Les groupes NO^2H, NH^2, NH, CN représentent, en
effet, de semblables *résidus* (a).

____

(a) *Ibidem.*

FONCTIONS CHIMIQUES.

42. Les différentes activités qu'un composé manifeste en présence d'autres corps, et qui ont pour effet des métamorphoses, constituent les *fonctions chimiques* de ce composé. Pour caractériser ces fonctions, le système dualistique se base sur une métamorphose type, qui ne peut se vérifier que dans un très-petit nombre de cas, et qui est purement illusoire pour l'immense majorité des corps de la chimie. Dans ce système, en effet, on suppose que toutes les combinaisons se composent de deux parties électriques différentes, d'une partie électropositive et d'une partie électro-négative, de telle sorte qu'en soumettant ces combinaisons à l'action d'une pile de Volta, on les dédouble en ces deux parties ; on y admet, en outre, que, dans toutes les métamorphoses, les éléments se groupent ensemble,

de manière à former un semblable édifice électrique double.

L'expérience est loin de donner raison à la théorie électro-chimique. Sans doute il est des corps où cette dualité semble incontestable ; mais les métamorphoses ne s'accomplissent pas toujours dans le même sens, et un seul et même corps peut, suivant les circonstances, remplir des fonctions bien différentes. Et, d'ailleurs, ce n'est que dans des cas excessivement rares, que le chimiste fait usage de la pile ; il y a donc peu de profit pour celui qui étudie la chimie, à savoir que, dans tel composé, l'un des éléments se rend au pôle positif, l'autre au pôle négatif. Au surplus, les lois de l'électricité dynamique sont encore peu connues, et le plus grand nombre des corps résistent à l'action de la pile, faute d'être conducteurs. La plupart du temps, c'est sur des solutions aqueuses qu'il faut opérer, et alors les métamorphoses se compliquent d'actions secondaires, déterminées par les éléments de l'eau, par l'hydrogène et l'oxygène mis en liberté.

Nous définirons les fonctions chimiques, en prenant pour terme de comparaison un genre de métamorphose que les trois quarts des corps de la chimie sont susceptibles d'éprouver ; nous voulons parler *de la double décomposition saline*, phénomène qui se présente à chaque instant dans les réactions chimiques.

Voici en quoi il consiste : *Beaucoup de corps composés d'un métal et d'un ou de plusieurs éléments non-métalliques se comportent de telle sorte que, si l'on met en contact deux d'entre eux, ils échangent réciproquement la partie métallique et la partie non-métallique.*

Soient M et M' le métal (hydrogène, argent, plomb, fer, etc.), N et N' la partie non-métallique (oxygène, chlore, soufre, etc.) des deux composés, on aura :

Avant le contact.	Après le contact.
NM	NM'
N'M'	N'M.

De semblables réactions sont surtout fort évidentes, lorsque les deux composés sont mis en présence en dissolution dans l'eau, et que l'un des produits ou les deux produits du double échange y sont insolubles ; ceux-ci se séparent alors sous forme de *précipité*.

Voici quelques exemples :

Avant.		Après.	
Chlorure d'hydrogène	$Cl^2(H^2)$	$Cl^2(Ag^2)$	Chlorure d'argent.
Nitrate d'argent	$N^2O^6(Ag^2)$	$N^2O^6(H^2)$	Nitrate d'hydrogène.
Sulfate de cuivre	$SO^4(Cu^2)$	$SO^4(K^2)$	Sulfate de potassium.
Oxyde de potassium	$O(K^2)$	$O(Cu^2)$	Oxyde de cuivre.
Chlorure de mercure	$Cl^2(Hg^2)$	$Cl^2(H^2)$	Chlorure d'hydrog.
Sulfure d'hydrogène	$S(H^2)$	$S(Hg^2)$	Sulfure de mercure.
Nitrate de baryum	$N^2O^6(Ba^2)$	$N^2O^6(K^2)$	Nitrate de potassium.
Sulfate de potassium	$SO^4(K^2)$	$SO^4(Ba^2)$	Sulfate de baryum.

Dans ces formules, le métal est mis en parenthèse; nous conserverons cette notation dans le cours de cet ouvrage.

Nous appellerons *sels* ou *corps binômes*, tous les composés chimiques formés par deux parties, l'une métallique et l'autre non-métallique, pouvant ainsi s'échanger par double décomposition. En donnant cette définition des sels, nous ne voulons pas indiquer un antagonisme entre les deux parties, tel que l'admet le dualisme électro-chimique; ces deux parties ne diffèrent par leur manière d'être, qu'autant que la molécule subsiste. La fixation d'un nouvel atome sur elle, ou l'élimination d'un atome, peut communiquer à la molécule des propriétés toutes nouvelles et même en effacer les caractères salins, tout l'ordre moléculaire restant d'ailleurs le même. Réciproquement, une molécule peut ne pas constituer un sel, et acquérir les caractères d'un binôme par la fixation ou l'élimination d'un élément, sans que l'ordre moléculaire en soit autrement troublé. Cette circonstance est importante, car il semblerait, au premier abord, qu'en définissant les sels comme des corps à deux parties, nous disions la même chose que la théorie électro-chimique.

Les combinaisons chimiques qui ne présentent pas la fonction chimique des sels, porteront, en général, le nom de *corps non-binômes*.

Parmi ces fonctions, nous citerons celles des *anhydrides*, des *alcaloïdes*, des *amides*, des *alcools*, des *éthers*, des *glycérides*, etc.

Toutefois, il importe de noter qu'un seul et même corps peut cumuler deux ou plusieurs fonctions. Il en est donc qui présentent à la fois les caractères des sels et des éthers, des alcaloïdes et des amides, etc.

Nous allons passer en revue les plus connues parmi ces fonctions.

I. Sels.

43. D'après la définition que nous venons de donner des sels, ce sont des systèmes moléculaires composés de deux parties : le métal et le non-métal; la faculté du double échange en forme le caractère fondamental.

Ici, nous devons tout d'abord faire une remarque importante : le rôle de métal ou de non-métal ne dépend pas seulement de la nature d'un élément, mais aussi de ses proportions, ainsi que de la nature et des proportions des éléments avec lesquels il est combiné. Tel élément, jouant habituellement le rôle de métal, peut donc, dans une autre combinaison, se comporter comme non-métal.

Le fer, par exemple, fonctionne presque toujours comme métal : la rouille, le vitriol vert, la pyrite de fer, le fer spathique, etc., sont autant de sels dans lesquels le fer peut s'échanger pour un autre métal. Mais dans le sel jaune, appelé lessive du sang (ferrocyanure de potassium), employé dans la teinture en bleu, le fer ne présente plus les caractères métalliques; il fonctionne comme non-métal, c'est-à-dire que, dans les doubles échanges, il suit les autres éléments non-métalliques, carbone et azote, contenus dans le sel. Il n'y a de véritablement métallique que le potassium. En effet, si l'on y ajoute un autre sel, on trouve que le métal de ce dernier ne s'échange qu'avec le potassium, tandis que le carbone, l'azote et le fer s'échangent avec la partie non-métallique. On a, par exemple, avec le vitriol bleu ou sulfate de cuivre :

Avant.		Après.
Ferrocyanure de potassium	$C^6N^6Fe^2(K^4)$	$C^6N^6Fe^2(Cu^4)$ Ferrocyanure de cuivre.
Sulfate de cuivre	$2SO^4(Cu^2)$	$2SO^4(K^2)$ Sulfate de potassium.

Si l'on ajoutait au sel jaune un sel de fer, le potassium s'échangerait encore pour du fer, et l'on aurait alors une combinaison (bleu de Prusse) renfermant le fer sous deux états différents, sous forme de métal et sous forme de non-métal.

Les combinaisons dans lesquelles l'hydrogène est associé à du carbone (combinaisons organiques), offrent fort souvent cette double forme pour le même élément. Ainsi, par exemple, le vinaigre ou acide acétique renferme du carbone, de l'oxygène et de l'hydrogène ; mais le quart seulement de ce dernier est métallique, c'est-à-dire remplaçable par du potassium, du plomb, de l'argent, etc., tandis que les trois autres quarts jouent si bien le rôle de non-métal, qu'on peut y substituer du chlore; si l'on met du vinaigre en contact avec un autre sel, on a, en effet :

	Avant.	Après.
Acide acétique	$C^2O^3H^3(H)$	$C^2O^3H^3(M)$.
Sel quelconque	$N(M)$	$N(H)$.

Si l'on fait agir du chlore sur le vinaigre, celui-ci échange pour du chlore les trois quarts de son hydrogène, c'est-à-dire tout l'hydrogène fonctionnant comme non-métal, tandis que l'hydrogène métallique n'est pas attaqué.

$$\text{Acide acétique} \dots \dots \quad C^2O^3H^3(H).$$
$$\text{Acide chloracétique} \dots \quad C^2O^3Cl^3(H).$$

44. Pour distinguer l'hydrogène, qui joue le rôle de métal, de l'hydrogène non-métallique, on désigne le premier sous le nom d'*hydrogène basique*, et, en général, on appelle la *base d'un sel* le métal ou les métaux susceptibles de l'échange par double décomposition.

Dans les échanges salins, les rapports numériques qui existent entre les éléments non-métalliques, ainsi qu'entre ces éléments et la base, ne subissent,

comme on le voit, aucun changement. Il n'y a de
changé, après la réaction, que l'*espèce du métal* ; le
premier sel contient alors le métal du second, et le
second sel, le métal du premier ; voilà tout, les éléments non-métalliques ne bougent pas.

On peut donc, dans un sel, transporter tous les
métaux sur les mêmes éléments non-métalliques,
sans altérer les caractères génériques du sel, c'est-
à-dire les caractères qui dépendent de ces derniers
éléments.

Exemple. Le salpêtre se compose d'azote, d'oxygène et de potassium :

$$NO^3(K).$$

Une des propriétés communiquées par les éléments
non-métalliques à ce système moléculaire, consiste à
dégager de l'oxygène par l'action de la chaleur, et
à déterminer la combustion du charbon ou d'autres
corps combustibles mis en contact avec lui. Or, on
peut, par double échange, remplacer le potassium
par du calcium, du plomb, de l'argent, etc., de manière à produire :

$$NO^3(Ca),$$
$$NO^3(Pb),$$
$$NO^3(Ag), etc.,$$

et tous ces nouveaux composés se comportent, comme le salpêtre, au contact des corps combustibles. Mais le salpêtre présente, en outre, des caractères propres au métal qu'il renferme : ces caractères sont remplacés dans les nouveaux sels par des caractères appartenant en propre à leurs métaux ou bases.

Chaque sel présente donc deux sortes de caractères : les uns appartenant à l'*espèce* ou au métal, les autres propres au *genre* ou aux éléments non-métalliques. Tous les sels qui résultent du salpêtre par substitution d'un autre métal au potassium constituent autant d'espèces d'un même genre.

45. Chaque genre salin se désigne en chimie par un nom substantif particulier; l'espèce est indiquée par un adjectif, ou par un substantif joint au nom du genre par la particule *de*.

Ainsi, le salpêtre s'appelle nitrate ou azotate potassique (*a*), ou nitrate de potassium; tous les sels dérivés du salpêtre par substitution d'un métal au potassium sont autant de nitrates : nitrate plombique, argentique, calcique, ou bien nitrate de plomb, d'argent, de calcium, etc.

(*a*) L'azote est appelé nitrogène par M. Berzélius ; de là les synonymes azotate et nitrate, azotite et nitrite.

Voici quelques règles pour la formation du nom des genres.

Lorsque le non-métal est formé par un seul élément, ils s'appellent :

$$
\begin{aligned}
&\text{Oxydes pour l'oxygène.....} \quad O(M^2). \\
&\text{Sulfures} \quad — \text{ le soufre......} \quad S(M^2). \\
&\text{Chlorures} — \text{ le chlore .....} \quad Cl(M). \\
&\text{Bromures} \quad — \text{ le brôme.....} \quad Br(M). \\
&\text{Iodures} \quad — \text{ l'iode, etc.....} \quad I(M).
\end{aligned}
$$

Tous les autres sels formés par un seul non-métal se terminent également en *ures*.

Lorsque le non-métal se compose d'oxygène et d'un autre élément, on forme le nom du genre en ajoutant au nom de ce dernier la terminaison *ate* ou *ite*, suivant les rapports numériques qui existent entre les éléments non-métalliques ; la terminaison *ate* équivaut toujours à une combinaison plus oxygénée que la désinence *ite*. On dira donc :

$$
\begin{aligned}
&\text{Sulfates......} \quad SO^4(M^2). \\
&\text{Sulfites......} \quad SO^3(M^2).
\end{aligned}
$$

Si un non-métal forme avec l'oxygène plus de deux genres salins, on fait précéder le nom du genre de la particule *hypo*, *hyper*, ou *per* ; par exemple :

$$\text{Hyposulfates} \dots \dots \dots S^2O^6(M^2).$$
$$\text{Hyposulfites} \dots \dots \dots S^2O^3(M^2).$$
$$\text{Hypochlorites} \dots \dots \dots ClO(M).$$
$$\text{Chlorites} \dots \dots \dots ClO^2(M).$$
$$\text{Chlorates} \dots \dots \dots ClO^3(M).$$
$$\text{Perchlorates} \dots \dots \dots ClO^4(M).$$

On appelle, en général, *hydrates*, tous les sels combinés avec une certaine proportion d'eau, ou renfermant, en sus des éléments salins, de l'hydrogène et de l'oxygène dans les rapports de l'eau.

Il est difficile d'établir des règles pour les cas où le non-métal est formé de plus de deux éléments, comme, par exemple, pour les nombreux sels organiques, renfermant tous du carbone, de l'hydrogène, de l'oxygène, et quelquefois aussi de l'azote. Ici la nomenclature est entièrement arbitraire, sauf la terminaison *ate* ou *ure* que l'on ajoute aux noms, comme aux précédents. Au reste, la nomenclature chimique est une langue plutôt que l'expression d'un système, et l'on ne peut l'apprendre que par l'usage.

46. Les doubles échanges s'effectuent surtout lorsqu'on met en présence les sels dissous dans l'eau, ou dans un autre véhicule, tel que l'alcool ou l'éther.

A cet égard, d'ailleurs, les conditions varient suivant la nature des corps, suivant la température à laquelle on les porte en contact, et suivant les quantités mises en présence.

Lorsqu'on opère sur des solutions, il n'est pas toujours indifférent de verser la première dans la seconde, ou la seconde dans la première. Si l'on verse de l'oxyde de potassium (potasse) dans du sulfate de cuivre, celui-ci étant maintenu en excès, il se produit un précipité vert-bleuâtre de sous-sulfate de cuivre (combinaison de sulfate de cuivre et d'oxyde de cuivre); si, au contraire, on verse le sulfate de cuivre dans l'oxyde de potassium en excès, le précipité est d'un beau bleu, et constitue l'oxyde de cuivre hydraté.

Les doubles échanges ont généralement lieu, si les produits sont insolubles ou peu solubles dans le liquide où ils se forment. Lorsqu'on fait réagir des sels par voie sèche, c'est-à-dire, sans l'intermédiaire de l'eau, la chaleur peut déterminer le double échange, quand l'un des produits est volatil, comme c'est le cas, par exemple, des sels ammoniacaux.

47. Pour faire comprendre les avantages de la

théorie qui consiste à considérer les corps comme des types uniques, je vais prendre quelques réactions bien simples, et les exposer d'après les deux systèmes.

Voici trois solutions :

	Système unitaire.	Syst. dualistique.
L'une contient de l'oxyde de baryum......	$O(Ba^2)$.	Ba^2O,
L'autre du nitrate de baryum............	$N^2O^5(Ba^2)$	$N^2O^5 + Ba^2O$,
La troisième du chlorure de baryum......	$Cl^2(Ba^2)$	Ba^2Cl^2.

Je verse successivement, dans chacune des solutions,

Une solution de carbonate de potassium...	$CO^3(K^2)$	$CO^3 + K^2O$.

Il se produit, dans les trois solutions,

Un précipité blanc de carbonate de baryum..	$CO^3(Ba^2)$	$CO^3 + Ba^2O$.

Comment la théorie dualistique explique-t-elle ce simple phénomène? Elle donne pour chaque liquide une interprétation différente : 1° L'oxyde de baryum, dit-elle, chasse l'oxyde de potassium du carbonate de potassium, et en prend la place ; 2° dans le cas du nitrate de barytum, il y a un double échange, l'acide nitrique se porte sur l'oxyde de potassium, et l'oxyde de baryum sur l'acide carbonique du carbonate de potassium ; 3° dans le cas du chlorure de baryum, celui-ci se décompose ; le baryum se porte sur l'oxygène de la potasse, et le nouvel oxyde se combine avec l'acide carbonique, tandis que le chlore se porte sur le potassium mis en liberté, pour former du chlorure de potassium.

Pourquoi présenter à un élève, comme des phénomènes différents, des réactions qui sont identiquement de la même nature; l'étude de la chimie n'est-elle déjà pas assez compliquée?... Pourquoi ne pas lui dire, d'après le système unitaire : les trois solutions sont autant de sels, différents par le non-métal (par le genre), mais semblables par le métal baryum (par l'espèce); en y versant un sel formé par un autre non-métal et par un autre métal (potassium), on ne fait qu'intervertir l'ordre des métaux, c'est-à-dire changer l'espèce des sels employés :

Si, avant l'expérience, on a,		Après l'expérience on aura :	
Genre.	Espèce.	Genre.	Espèce.
Oxyde de baryum.		Oxyde de potassium	
Nitrate de baryum.		Nitrate de potassium	en dissol.
Chlorure de baryum.		Chlorure de potassium	
Carbonate de potassium.		Carbonate de baryum (précip.)	

C'est simple et facile, et surtout c'est la vérité; car trois interprétations différentes font supposer à l'élève trois phénomènes différents, tandis qu'il n'a ici affaire qu'à un seul genre de réactions.

J'ai souvent remarqué que les élèves, à moins d'être déjà bien versés dans la chimie, ne saisissent pas toujours les réactions des sels, considérés d'après le système dualistique. Les soi-disant *sels haloïdes* (a) les embarrassent surtout beaucoup.

48. *Acides*, *sels neutres*, *sels acides*. — Les ouvrages de chimie, écrits dans le système dualistique, ne donnent aucune définition exacte des *acides*. Beaucoup de chimistes, d'ailleurs, confondent avec ces corps certains composés oxygénés, qui ne deviennent de véritables acides qu'après s'être combinés avec les éléments de l'eau ; c'est tout au plus s'ils distinguent des *acides anhydres* (de *α* privatif et ὕδωρ, c'est-à-dire sans eau), et des *acides hydratés*. Pour nous, ces derniers sont seuls des acides ; mais comme beaucoup d'acides se produisent autrement que par la fixation des éléments de l'eau sur les composés oxygénés dont nous parlons (voir plus bas *Anhydrides*), nous définirons les acides de la manière suivante :

Les acides sont des sels dont la base est entièrement formée par de l'hydrogène. — Autant de genres de

---

(a) M. Berzélius appelle ainsi les chlorures, bromures, iodures et fluorures.

sels, autant d'acides ; les acides en forment les espèces hydrogénées, ou, comme nous les appellerons,
les *espèces normales*. Chaque acide se compose donc
aussi d'une partie non-métallique qui varie suivant les genres salins, et d'une partie métallique,
l'hydrogène, pouvant être échangée pour d'autres
métaux par double décomposition.

La partie non-métallique des acides est représentée :

Tantôt par un seul élément :

Dans l'acide hydrosulfurique ou sulfhydrique, ou sulfure
d'hydrogène................................ $S(H^2)$.
— hydrochlorique ou chlorhydrique, ou chlorure
d'hydrogène................................ $Cl(H)$.
— hydrobromique ou brombydrique, ou bromure
d'hydrogène................................ $Br(H)$.
— hydrofluorique ou fluorhydrique, ou fluorure
d'hydrogène................................ $F(H)$.

Tantôt par deux éléments :

Dans l'acide hydrocyan. ou cyanhydr., ou cyanure d'hydr.. $CN(H)$.
— carbonique, ou carbonate d'hydrogène...... $CO^3(H^2)$.
— oxalique, ou oxalate d'hydrogène.......... $C^2O^4(H^2)$.
— sulfurique, ou sulfate d'hydrogène........ $SO^4(H^2)$.
— chlorique, ou chlorate d'hydrogène........ $ClO^5(H)$.
— hydrofluosilicique, ou fluosilicate d'hydrogène.. $SiF^3(H)$.

Tantôt par trois éléments :

Dans l'acide cyanique, ou cyanate d'hydrogène............ $CNO(H)$.

— phosphoreux, ou phosphite d'hydrogène..... $PHO^3(H^2)$.

— hypophosphoreux, ou hypophosphite d'hydr... $PH^2O^2(H)$.

— acétique, ou acétate d'hydrogène........... $C^4H^3O^3(H)$.

— sulfophosphorique, ou sulfophosphate d'hydr. $PO^3S(H^3)$.

— valérianique, ou valérate d'hydrogène........ $C^{10}H^9O^3(H)$.

Il est même des acides qui renferment plus de trois éléments non-métalliques.

De toutes les espèces salines, les acides sont celles dont l'activité chimique est la plus prononcée; aussi, les acides ont une grande importance, et peuvent servir à la préparation des autres espèces métalliques.

La plupart des acides solubles dans l'eau exercent une action caractéristique sur quelques matières colorantes, et notamment sur le *tournesol*, qu'on prépare avec certains lichens pour l'usage des laboratoires. On trempe des bandes de papier blanc dans l'infusion de tournesol, pour leur en communiquer la couleur, et ces bandes desséchées sont alors employées comme *papiers réactifs*. Les acides en font passer la couleur bleue au rouge (a).

____

(a) Le tournesol bleu est l'espèce ammonique ou calcaire d'un genre salin dont l'acide est rouge; toutes les autres espèces métalliques de ce

Il est important de noter que cette coloration rouge n'est pas un caractère exclusif des acides; il est beaucoup d'autres sels métalliques (cuivre, nickel, zinc, cobalt, alumine), qui la déterminent aussi, quoique à un moindre degré.

Les acides solubles dans l'eau possèdent une autre propriété qui les fait aisément reconnaître. Ils décomposent avec effervescence la craie, le marbre, et les carbonates en général. C'est que l'acide carbonique mis en liberté par le double échange que déterminent les carbonates au contact des acides, se décompose immédiatement en eau et en anhydride

---

genre sont également bleues. Il passe au rouge, quand, par le double échange, l'acide est mis en liberté; il redevient bleu, lorsque le double échange a pour effet de remettre un métal (K, Na, Am, Ca, Ba, Sr) à la place de l'hydrogène contenu dans l'acide rouge.

Quant aux sels métalliques neutres qui rougissent le tournesol (sels de cuivre, de zinc, d'alumine), ce sont particulièrement ceux qui ont une tendance à former des sous-sels; ils agissent comme les acides sur le tournesol bleu, en déterminant un double échange entre l'eau et le sel bleu du tournesol,

$$\left. \begin{array}{c} O(H^2) \\ T(M^2) \end{array} \right| \begin{array}{c} O(M^2) \\ T(H^2) \end{array},$$

double échange qui a pour effet de fournir l'oxyde nécessaire à la formation du sous-sel, et de mettre l'acide rouge en liberté. (T signifie carbone, hydrogène, oxygène et azote; les rapports n'en sont pas bien connus. M. Kane appelle l'acide rouge, *acide litmique*.)

CO², et ce dernier se développe brusquement à l'état de gaz.

Beaucoup d'acides sont volatils sans décomposition. Plusieurs acides oxygénés se décomposent par l'action de la chaleur en eau et en un corps non-binôme (voyez les *Anhydrides*); quelquefois ce dédoublement s'effectue déjà à la température ordinaire (acides carbonique, sulfureux, chromique).

Quant à la nomenclature des acides, il est à remarquer que les acides dont le nom se termine en *ique*, correspondent à un genre salin finissant en *ate*; ceux en *eux* correspondent aux sels en *ite*.

Sulfate............... acide sulfurique.
Sulfite............... — sulfureux.
Hyposulfate........... — hyposulfurique.
Hyposulfite........... — hyposulfureux.

Comme on avait, dans le principe, imaginé pour les sels en *ure* une autre théorie que pour les sels précédents (*a*), on rencontre une anomalie dans

---

(*a*) M. Berzélius admet les *hydracides*, acides formés par l'hydrogène, et les *oxacides*, acides formés par l'oxygène. Selon nous, ces derniers, privés des éléments de l'eau, ne constituent plus des acides.

la nomenclature des premiers , en ce que leurs acides se terminent aussi en *ique*, mais cette désinence est précédée de *hydr* (acide chlorhydrique, bromhydrique), ou bien le nom commence ainsi (acide hydrochlorique, hydriodique).

49. Parmi les combinaisons carbonées, renfermant de l'hydrogène (substances organiques), il en est un grand nombre, comme le sucre, la salicine, quelques huiles essentielles, qui se comportent comme des binômes avec quelques sels, dans des circonstances particulières. Ces combinaisons renferment, par conséquent, de l'hydrogène basique. Le sucre, par exemple, contient :

$$C^{12}H^{18}O^{11}(H^4),$$

H^4 pouvant être remplacé par Pb^4 et par quelques autres métaux. Mais ces substances n'ont aucune action sur les couleurs végétales, ne font pas effervescence avec les carbonates, et le nom d'acide ne leur a point été appliqué. Leurs combinaisons métalliques ont d'ailleurs peu de stabilité, et se décomposent par les acides les plus faibles.

50. *Lorsqu'un acide échange tout son hydrogène basique pour un autre métal , le sel produit s'appelle équisel ou sel neutre.*

Acide sulfurique......	$SO^4(H^2)$	Acide acétique........	$C^4H^6O^4(H)$.
Sulfate potassiq. neutre	$SO^4(K^2)$	Acétate potass. neutre...	$C^4H^6O^4(K)$.
Un sulf. neutre quelc...	$SO^4(M^2)$	Un acétate neutre quelc.	$C^4H^6O^4(M)$.

La qualification de sel neutre correspond donc à une composition déterminée, et non pas à une nullité d'action sur les papiers réactifs, comme on serait tenté de le croire. En effet, s'il est des sels neutres (a), comme, par exemple, le sulfate potassique, dont l'action sur le tournesol est nulle, il en est d'autres qui le rougissent : le sulfate neutre de cuivre, le sulfate neutre d'aluminium, et beaucoup d'autres, sont dans ce cas. Il est même des sels neutres qui ont une action inverse, c'est-à-dire, qu'ils ramènent au bleu le tournesol rougi par les acides ; tels sont plusieurs sels formés par les métaux K, Na, Am, Ba, Sr, Ca ; comme le chromate potassique, le carbonate sodique, le phosphate sodique, l'oxyde calcique, l'oxyde potassique ou potasse, le sulfure barytique, etc. Cette réaction inverse porte le nom de *réaction alcaline* (du mot arabe *alcali*, potasse),

---

(a) On croyait, dans le principe, que tous les sels neutres étaient sans action sur les papiers colorés ; de là l'expression *saturer*, pour dire neutraliser un acide, le transformer en sel neutre. Mais aujourd'hui cette expression, quoique reçue encore, ne désigne plus rien de précis.

par opposition à la *réaction acide*, et les métaux qui peuvent ainsi communiquer aux sels la propriété de bleuir le tournesol rougi, s'appellent les *métaux alcalins*. Les oxydes salins (potasse, soude, chaux, baryte, strontiane), où un semblable métal forme la base, sont connus sous le nom d'*alcalis*.

Lorsqu'un sel présente avec le tournesol la réaction alcaline, il modifie aussi, d'une manière caractéristique, certaines autres matières colorantes; ainsi, il brunit la teinture de curcuma et verdit le sirop de violettes.

51. *Lorsqu'un acide échange une partie de son hydrogène basique pour un autre métal, le sel produit s'appelle sur-sel ou sel acide.*

Acide sulfurique................	$SO^4(H^2)$
Sulfate potassique neutre........	$SO^4(K^2)$.
Sulfate potassiq. acide ou bisulfate	$SO^4(HK)$.
Un sulfate acide quelconque.....	$SO^4(H^{2-y}K^y)$.
Acide oxalique................	$C^2O^4(H^2)$.
Oxalate de potasse neutre.......	$C^2O^4(K^2)$.
Oxalate de potasse acide (bioxalate)	$C^2O^4(HK)$.
Id. un autre (quadroxalate)......	$C^2O^4(H^{\frac{4}{3}}K^{\frac{1}{3}})$.

Beaucoup de sels acides rougissent le tournesol comme les acides eux-mêmes; il en est toutefois qui n'ont pas d'action sur les papiers réactifs.

Au lieu de dire sulfate acide, sur-sulfate, oxalate acide, etc., on se sert aussi des mots bisulfate, bioxalate, quadroxalate, etc., pour désigner le rapport entre la quantité de métal autre que l'hydrogène, contenue dans le sel neutre, et celle renfermée dans les acides. Ainsi un *bisel* de potassium ne renferme que la moitié du potassium contenu dans le sel neutre, l'autre moitié étant représentée par de l'hydrogène ; un *quadrisel* de potassium ne contient que le quart du potassium renfermé dans le sel neutre, les autres trois quarts étant également de l'hydrogène basique.

Tous les acides ne sont pas susceptibles de former des sur-sels ; ainsi, on ne connaît point de nitrates acides, ni d'hypophosphites acides, etc. Quand on mélange un nitrate neutre avec de l'acide nitrique dans le rapport nécessaire pour former un bisel, c'est-à-dire,

$$NO^3(H) \text{ avec } NO^3(K) \text{ pour former } 2NO^3(H_{\frac{1}{2}}K_{\frac{1}{2}}).$$

le sel neutre cristallise dans la liqueur acide, et l'acide s'en va par l'évaporation. La plupart des acides volatils sont dans le même cas.

52. On voit , par ce qui précède , qu'un sel peut contenir, comme base, des métaux différents , l'hydrogène et un autre métal. L'hydrogène basique contenu dans les sur-sels peut s'échanger , non-seulement pour le métal qui s'y trouve déjà , mais pour tout autre métal. Ainsi , on a :

$$
\begin{aligned}
&\text{Acide sulfurique} \ldots \ldots \ldots \ldots \ldots SO^4(HH). \\
&\text{Sulfate acide de potassium} \ldots \ldots SO^4(HK). \\
&\text{Sulfate neutre de potassium} \ldots \ldots SO^4(KK). \\
&\text{Sulfate neutre de potass. et de zinc} \ldots SO^4(KZn). \\
&\text{Sulfate neutre de potass. et de cuivre } SO^4(KCu).
\end{aligned}
$$

Dans le système dualistique , ce sont là des sels doubles, mais, pour nous, ce ne sont que des sulfates dans lesquels la base est représentée par deux métaux différents , dont la somme des équivalents est égale à 2 par rapport à S et à O^4 , comme dans tous les sulfates.

La minéralogie offre de nombreux exemples , où la base des sels est quelquefois représentée par 4, 5, 6 métaux différents , sans que le type salin cesse d'avoir les caractères du même type, n'en renfermant qu'un seul. Souvent une composition si différente ne se trahit pas même dans la forme extérieure. Les grenats, par exemple, sont des silicates de la composition ,

$$Si^2O^4(M\beta^2M^2),$$

cristallisés toujours en dodécaèdres rhomboïdaux réguliers, ou en trapézoèdres; $M\beta$ est représenté par de l'aluminicum ou du ferricum, et M par du calcium, du ferrosum, du manganosum, du magnésium, du cérium, en proportions qui n'ont, pour ainsi dire, pas de limite, mais de manière à former une somme d'équivalents égale à 4, les autres éléments étant Si^2 et O^4.

Les oxydes que nous avons cités plus haut (35), le fer magnétique, le fer chromé, le fer titané, etc., se rencontrent également dans la nature en octaèdres réguliers, dont la composition varie d'une localité à l'autre, mais de manière à rentrer toujours dans la formule OM^2 des oxydes salins.

53. La propriété que possèdent les acides, d'échanger soit une partie, soit la totalité de leur hydrogène pour d'autres métaux, se trouve en corrélation avec certains autres caractères, et l'on a imaginé des termes particuliers pour désigner cette aptitude des acides.

On appelle *acide monobasique* ou *unibasique* un acide qui, dans la double décomposition, échange toujours la totalité de son hydrogène pour un autre

métal. C'est comme si la molécule d'un semblable
acide ne renfermait qu'un seul atome d'hydrogène.
Ces acides ne donnent point de sur-sels stables en
présence de l'eau ; et, dans le cas où ils sont oxygénés, ces acides sont incapables de produire des
anhydrides en éliminant les éléments de l'eau (a).
Tels sont, par exemple :

L'acide	chlorhydrique..........	$Cl(H)$.
—	bromhydrique..........	$Br(H)$.
—	nitrique..............	$NO^3(H)$.
—	hypophosphoreux.......	$PH^2O^2(H)$.
—	acétique............	$C^2H^3O^2(H)$.
—	benzoïque............	$C^7H^5O^2(H)$.
—	cyanhydrique..........	$CN(H)$.
—	cyanique.............	$CNO(H)$.

(a) Ce n'est que dans un petit nombre de cas qu'on obtient des sur-sels
en dissolvant le sel neutre dans l'acide très-concentré ; c'est ainsi que le
biacétate de K, le biformiate de K ont été obtenus. Mais ces sur-sels sont
immédiatement décomposés par l'eau, et ne présentent, en aucune façon,
la stabilité des sur-sels des acides bibasiques. Il en est de même des sels à
deux métaux, qui se scindent ordinairement par la dissolution dans l'eau,
en deux sels neutres à base différente. Les chlorures, bromures, acétates
doubles présentent cette particularité.

Les termes monobasique, bibasique désignent donc un ensemble de
caractères, et le mode de basicité n'en est pas le plus rigoureux. Mais j'ai
voulu conserver des noms qui sont reçus dans la science.

Un autre caractère des acides monobasiques, c'est de ne point donner, avec les alcools, des acides copulés. Il n'existe donc pas d'acide nitro-vinique, acéto-vinique, ou benzovinique, etc., comme on a de l'acide sulfovinique, carbovinique, tartrovinique. De même, les acides monobasiques ne fournissent pas d'acides amidés. (Voir plus bas *Sels copulés.*)

Lorsqu'un acide peut échanger la moitié de son hydrogène pour du métal, de manière à former des sur-sels, cet acide est dit *bibasique,* comme si sa molécule renfermait deux atomes d'hydrogène basique. Un semblable acide peut donc donner pour chaque base deux séries de sels; dans l'une, la base est seule, dans l'autre, elle est associée à une autre base. Voici, par exemple, les sels produits par l'acide tartrique $C^4H^4O^6(H^2)$.

Première série.		Deuxième série.	
$C^4H^4O^6(H^2)$....acide.		$C^4H^4O^6(HK)$	crème de tartre.
$C^4H^4O^6(K^2)$		$C^4H^4O^6(H Na)$	sel de Na acide.
$C^4H^4O^6(Na^2)$	sels neutr.	$C^4H^4O^6(H Ba)$	sel de Ba acide.
$C^4H^4O^6(Ba^2)$		$C^4H^4O^6(K Na)$	sel de Seignette.
$C^4H^4O^6(Ca^2)$		$C^4H^4O^6(K Sb\bar{o})$	émétique.

Les acides bibasiques se distinguent des acides monobasiques, en ce que, sous l'influence de la chaleur, ils sont susceptibles de produire des anhydrides (voir plus bas); de même, ils donnent, avec l'alcool et avec l'ammoniaque, des acides copulés (acides viniques, acides amidés), lesquels sont monobasiques. Ainsi, par exemple, l'acide tartrovinique n'est plus bibasique, comme l'acide tartrique qui l'a formé, mais il ne sature qu'un équivalent de base :

$$\text{Acide tartrovinique}\ldots\ldots\ldots C^2H^4,C^4H^5O^9(H).$$
$$\text{Tartrovinates}\ldots\ldots\ldots\ldots C^2H^4,C^4H^7O^6(M).$$

Enfin, on connaît un petit nombre d'*acides tribasiques*, comme l'acide phosphorique ordinaire et l'acide citrique. Ceux-ci donnent trois séries de sels, et des acides copulés bibasiques.

Voici, par exemple, les trois sels de Na qu'on obtient avec l'acide phosphorique.

$$\text{Acide phosphorique}\ldots\ldots\ldots PO^4(H^3).$$
$$\text{Phosphates de soude}\ldots\ldots\ldots \left\{ \begin{array}{l} PO^4(H^2Na). \\ PO^4(HNa^2). \\ PO^4(Na^3). \end{array} \right.$$

On a de même, pour l'acide citrique, les sels de K suivants :

$$\text{Acide citrique}\ldots\ldots\ldots\ldots C^6H^5O^7(H^3).$$
$$\text{Citrates de potasse}\ldots\ldots\ldots \left\{ \begin{array}{l} C^6H^5O^7(H^2K). \\ C^6H^5O^7(HK^2). \\ C^6H^5O^7(K^3). \end{array} \right.$$

Les acides tribasiques perdent aussi, par la chaleur, les éléments de l'eau ; mais les produits constituent des acides nouveaux, dont les propriétés diffèrent des acides primitifs. L'acide phosphorique donne ainsi l'acide métaphosphorique $PO^3(H)$, l'acide citrique fournit l'acide aconitique $C^6H^5O^6(H^3)$.

54. On a pu remarquer que nous écrivons ordinairement les acides et les autres sels de manière à faire ressortir la basicité ; les acides unibasiques sont notés avec (H), les acides bibasiques avec (H^2), les acides tribasiques avec (H^3). Comme les formules n'expriment que des rapports, rien n'empêche d'adopter une notation différente.

Mais une question se présente ici : Quels sont les équivalents respectifs des acides unibasiques, bibasiques, tribasiques ? Si l'on représente l'équivalent de l'acide chlorhydrique par

$$Cl(H),$$

celui de l'acide sulfurique sera-t-il

$$SO^4(H^2) \quad \text{ou} \quad S_{\frac{1}{2}}O^2(H) ;$$

celui de l'acide phosphorique

$$PO^4(H^3), \quad \text{ou} \quad P_{\frac{2}{3}}O^{\frac{4}{3}}(H^2), \quad \text{ou} \quad P_{\frac{1}{3}}O^{\frac{2}{3}}(H) ?$$

Il ne faut pas s'arrêter ici aux fractions, puisqu'il ne s'agit que d'une question de rapport.

J'ai déjà insisté ailleurs (38) sur ce que le mot équivalent n'a pas un sens absolu. On ne peut pas dire, après s'être entendu sur une unité de comparaison, telle quantité représente l'équivalent du chlore, telle autre l'équivalent du fer ; il faut dire l'équivalent du chlore *par rapport* à l'oxygène, au soufre, au brôme, c'est-à-dire, *par rapport* à tel autre corps, dont le chlore remplit les fonctions. La même chose doit s'entendre des corps composés. On peut demander quel est l'équivalent de l'acide sulfurique *par rapport* à tout autre acide, parce qu'il s'agit alors de fonctions semblables ; mais, dans l'état actuel de la science, nous ne savons pas l'équivalent de l'acide sulfurique par rapport au chlore, puisque nous ne connaissons pas à ces corps des fonctions semblables.

Prenons, cependant, un corps qui, outre du chlore, renferme un élément contenu aussi dans l'acide sulfurique, et y jouant le même rôle. Soit l'acide chlorhydrique ; on peut en exprimer la composition comme on veut : par ClH, Cl^2H^2 ou Cl^3H^3. Écrivons-le de manière à représenter par le même signe l'élément qu'il a de commun avec l'acide sulfurique :

$$\text{Acide hydrochlorique} \ldots \ldots \quad Cl^2\,(H^2).$$
$$\text{Acide sulfurique} \ldots \ldots \ldots \quad SO^3(H^2).$$

Il est clair, puisque dans ces deux corps l'hydrogène H^2 remplit les mêmes fonctions, puisque, en saturant ces acides par de la potasse, par exemple, ils échangent tous les deux H^2 pour K^2, il est clair, dis-je, que Cl^2 est l'équivalent du groupe SO^4; donc Cl est celui de $S_{\frac{1}{2}}O^2$; donc, dans la notation des acides, telle que nous l'avons adoptée,

$$Cl(H),\ SO^3(H^2)\ \text{et}\ PO^3(H^3)$$

ne représentent pas des équivalents ; il faudrait évidemment les écrire ainsi :

$$Cl(H),\ S_{\frac{1}{2}}^{}O^2(H)\ \text{et}\ P_{\frac{1}{3}}O_{\frac{2}{3}}^2(H),$$

car ce sont là des quantités qui saturent la même quantité de potasse, des quantités qui s'équivalent pour produire le même effet, pour donner un sel neutre.

Allons plus loin. Quel sera l'équivalent de $Cl(H)$ par rapport au sulfate acide de potassium $SO^4(HK)$, au phosphate acide de sodium $PO^3(H^2Na)$? Écrivons par le même signe l'hydrogène basique qui est commun, et nous aurons :

Acide hydrochlorique.... $Cl^2(H^2)$ ou bien $Cl(H)$.

Bisulfate de potassium.... $S^2O^8K^2(H^2)$ — $SO^4K(H)$.

Phosph. ac. de sodium... $PO^3Na(H^2)$ — $P_{\frac{1}{2}}O^2Na_{\frac{1}{2}}(H)$.

Nous trouvons donc encore que Cl^2 est l'équivalent des groupes $S^2O^8K^2$ et PO^5Na ; car les quantités indiquées des sels précédents saturent la même quantité de potasse pour produire un sel neutre ; elles sont donc équivalentes par rapport à cette fonction.

En somme, voici les quantités qui sont équivalentes :

$$Cl(H),$$
$$\tfrac{1}{2}[SO^4(H^2)],$$
$$\tfrac{1}{3}[PO^4(H^3)],$$
$$SO^4(KH),$$
$$\tfrac{1}{2}[PO^4(H^2Na)].$$

On voit, d'après cela, que la notation chimique ne peut pas toujours représenter des équivalents, puisque ceux-ci varient suivant les fonctions chimiques. Nous pourrions trouver d'autres équivalents pour les sels précédents ; mais ce seraient alors des équivalents par rapport à d'autres fonctions que celle d'échanger l'hydrogène contre du métal.

La signification du mot équivalent, tel que je l'ai défini plus haut, à propos des substitutions, est donc extrêmement relative. On peut trouver la valeur de l'équivalent d'un sel par rapport à un autre sel, d'une amide par rapport à une autre amide, d'un alcool par rapport à un autre alcool ; mais non celui d'un alcool par rapport à un acide, d'un alcaloïde par rapport à une amide, etc., parce que, avec un acide, on produit des effets, des phénomènes chimiques différents de ceux qu'on obtient avec un alcool ou avec un alcaloïde, et parce que le mot équivalent suppose un résultat semblable obtenu avec des choses différentes.

Lorsqu'on veut savoir l'équivalent d'un sel neutre par rapport à un autre sel, noté d'une façon quelconque, il faut ramener le métal dans les deux sels au même équivalent (40) ; il en est de même de l'hydrogène basique pour les acides.

Ce n'est que *par convention* qu'on peut admettre l'équivalent d'un corps non-binôme par rapport aux acides ou aux autres sels. C'est alors la quantité du corps non-binôme qui, en se métamorphosant, donne 1 équivalent d'acide, ou qui dérive de la métamorphose de 1 équivalent d'acide. Si, d'après cela, nous appelons équivalent la quantité d'acide renfermant H ou H^2 basique, voici quels seront les dérivés de l'acide acétique :

$C^2H^3O^2(H)$ acide acétique ou bien $C^4H^6O^4(H^2)$.
C^2H^4O aldéhyde   — $C^4H^8O^2$.
C^2H^6O alcool   — $C^4H^{12}O^2$.
C^2H^4 gaz oléfiant   — C^4H^8.

Je le répète, ce ne sont là que des conventions; car les équivalents proprement dits supposent des fonctions semblables.

55. *Sels doubles*, *sous-sels*. — Dans la double décomposition d'un sel neutre avec un autre sel neutre ou avec un acide, pour que les produits soient aussi des équisels, ou un équisel et un acide, il est évident que la réaction doit s'effectuer entre équivalents (*a*).

Acide. . . . $SO^4(H^2)$	$SO^4(Ba^2)$. . . . Équisel.
Équisel. . . $N^2O^6(Ba^2)$	$N^2O^6(H^2)$. . . . Acide.
Équisel. . . $SO^4(Na^2)$	$SO^4(Ba^2)$. . . . Équisel.
Équisel . . $N^2O^6(Ba^2)$	$N^2O^6(Na^2)$. . . Équisel.

Cependant, plusieurs circonstances peuvent modifier ces réactions, surtout si l'on opère au sein de l'eau, comme c'est le plus souvent le cas. L'eau, étant elle-même un corps binôme $O(H^2)$, peut inter-

---

(*a*) Comme nous ne nous occupons pas, dans ce paragraphe, de la basicité des sels, nous les avons notés de manière à prendre toujours M^2 pour équivalent dans le sel neutre.

venir ; puis, la température, les masses, etc., (46).

Supposons en réaction du tartrate neutre de K, et de l'acide sulfurique ; si les quantités sont équivalentes, on aura pour résultat du sulfate neutre de K, et de l'acide tartrique. Mais si elles ne sont pas équivalentes, si la réaction s'effectue, par exemple, entre deux équivalents de tartrate et 1 équivalent d'acide sulfurique :

$$\begin{array}{ll} \text{2 éq. d'équisel} \begin{cases} C^4H^4O^6(K^2) \\ C^4H^4O^6(K^2) \end{cases} & \begin{array}{l} C^4H^4O^6(K^2) \\ C^4H^4O^6(H^2) \end{array} \Big\} \ \text{2 éq. de sur-sel.} \\ \text{1 éq. d'acide. .} \quad SO^4(H^2) & SO^4(K^2) \ldots \ \text{1 éq. d'équisel.} \end{array}$$

On voit, dans ce cas, que l'acide n'opère le double échange qu'avec l'un des équivalents de tartrate, tandis que l'autre reste en combinaison avec le produit de cet échange ; de là, formation d'un sursel ou sel acide, et d'un équisel.

Substituons maintenant, dans l'exemple précédent, un autre métal à l'hydrogène basique de l'acide, nous aurons en réaction 2 équivalents de tartrate neutre avec 1 équivalent de sulfate neutre :

$$\begin{array}{ll} \text{2 éq. d'équisel} \begin{cases} C^4H^4O^6(K^2) \\ C^4H^4O^6(K^2) \end{cases} & \begin{array}{l} C^4H^4O^6(K^2) \\ C^4H^4O^6(Cu^2) \end{array} \Big\} \ \text{2 éq. d'équisel.} \\ \text{1 éq. d'équisel} \quad SO^4(Cu^2) & SO^4(K^2) \ldots \ \text{1 éq. d'équisel.} \end{array}$$

La réaction sera encore la même que dans le cas précédent : l'équivalent de sulfate neutre se décomposera avec un équivalent de tartrate, tandis que l'autre restera fixé sur le produit; de là, formation de deux équisels, dont l'un à deux métaux différents.

Tout cela est fort simple et se conçoit sans difficulté. On voit que, dans les réactions non-équivalentes, le sel qui se trouve en présence *en quantité multiple*, se borne à échanger une partie de son métal pour un autre métal, son non-métal ne variant pas.

Mais l'inverse peut aussi se présenter : le non-métal peut s'échanger en partie, et le métal rester le même. De là naissent les *sels doubles* et les *sous-sels*.

Lorsqu'on verse du phosphate de Na dans du nitrate de plomb en excès, on obtient un précipité qui participe à la fois des caractères des nitrates et des phosphates :

$$\text{Nitrate} \dots \left\{ \begin{matrix} N^2O^6(Pb^2) \\ N^2O^6(Pb^2) \end{matrix} \right. \ \left| \ \begin{matrix} N^2O^6(Pb^2) \\ P^2O^6(Pb^2) \end{matrix} \right\} \text{nitro-phosphate.}$$
$$\text{Phosphate} \dots P^2O^6(Na^2) \ \left| \ N^2O^6(Na^2) \dots \text{nitrate.} \right.$$

Une semblable réaction a lieu, quand on verse du phosphate de Na dans du chlorure de plomb en excès :

Chlorure.. $\left\{\begin{array}{l}Cl^2(Pb^2)\\ Cl^2(Pb^2)\end{array}\right.$ $\left.\begin{array}{l}Cl^2(Pb^2)\\ P^2O^6\,Pb^2)\end{array}\right\}$ chloro-phosphate.

Phosphate... $P^2O^6(Na^2)$ $\quad$ $Cl^2(Na^2)$... chlorure.

On voit, d'après cela, que la formation des sels doubles, par le double échange, est entièrement analogue aux réactions précédentes.

Les sous-sels (appelés aussi sels basiques ou sur-basiques) ne sont qu'un cas particulier des sels doubles : on appelle ainsi le sel double, quand l'un des sels constituants est un oxyde.

Supposons, à la place du phosphate de Na, de l'oxyde de Na (soude caustique), nous aurions eu :

Nitrate.... $\left\{\begin{array}{l}N^2O^6(Pb^2)\\ N^2O^6(Pb^2)\end{array}\right.$ $\left.\begin{array}{l}N^2O^6(Pb^2)\\ O(Pb^2)\end{array}\right\}$ $\begin{array}{l}\text{oxy-nitrate}\\ \text{ou sous-nitrate.}\end{array}$

Oxyde...... $O(Na^2)$ $\quad$ $N^2O^6(Na^2)$... nitrate.

Chlorure... $\left\{\begin{array}{l}Cl^2(Pb^2)\\ Cl^2(Pb^2)\end{array}\right.$ $\left.\begin{array}{l}Cl^2(Pb^2)\\ O(Pb^2)\end{array}\right\}$ $\begin{array}{l}\text{oxy-chlorure}\\ \text{ou sous-chlorure.}\end{array}$

Oxyde...... $O(Na^2)$ $\quad$ $Cl^2(Na^2)$.... chlorure.

L'eau seule peut, comme les autres oxydes, donner naissance à des sous-sels ; ainsi, quand on ajoute de l'eau à du nitrate neutre de bismuth, il se produit un précipité blanc de sous-nitrate :

Nitrate.... $\left\{\begin{array}{l}N^2O^6(Bi\delta^2)\\ N^2O^6(Bi\delta^2)\end{array}\right.$ $\left.\begin{array}{l}N^2O^6(Bi\delta^2)\\ O(Bi\delta^2)\end{array}\right\}$ $\begin{array}{l}\text{oxy-nitrate}\\ \text{ou sous-nitrate.}\end{array}$

Oxyde...... $O(H^2)$ $\quad$ $N^2O^6(H^2)$..... nitrate.

Pour plus de simplicité, nous avons supposé, dans

tous les exemples précédents, que 2 équivalents se décomposaient avec 1 équivalent ; ce rapport est fréquent, mais il n'est pas le seul. Voici les rapports qui se présentent le plus souvent dans la formation des sur-sels, des sels doubles et des sous-sels : 1 : 2, 2 : 3, 3 : 4. Dans la formation des sels neutres et des acides, le rapport des équivalents, comme nous l'avons déjà dit, est de 1 : 1.

56. *Eau de cristallisation et de combinaison.* — Beaucoup de sels, en cristallisant dans l'eau, en fixent une certaine quantité, qu'ils peuvent dégager de nouveau, soit par la chaleur, soit dans le vide, sans perdre leurs caractères génériques. On appelle cette eau *eau de cristallisation;* la quantité (*aq.*) en est fixe pour un sel et une température donnés ; elle peut aller de 1 à 12 équivalents par rapport à 1 équivalent de métal contenu dans le sel.

Le sulfate neutre de Na, par exemple, cristallise dans une solution étendue et à froid, avec 10 équivalents d'eau,

$$SO^4(Na^2) + 10aq.$$

Dans une solution bouillante, au contraire, il se dépose sans eau ; il est, comme on dit, *anhydre.*

D'autres sels cristallisent avec des quantités d'eau

différentes, suivant la température à laquelle les cristaux se séparent de l'eau.

57. Il ne faut pas confondre avec cette eau de cristallisation, l'eau qui peut être séparée d'un sel par l'action de la chaleur, mais dont l'élimination a pour conséquence un changement dans les propriétés génériques du sel.

Exemples. L'acide citrique cristallise, dans une solution concentrée et saturée à froid, en prismes renfermant :

$$C^6H^5O^7(H^3) + aq.$$

Aq. s'en va complétement par la dessiccation à 100°; la solution de l'acide desséché présente les mêmes réactions que celle de l'acide hydraté.

Si l'on chauffe l'acide citrique à une très-haute température, il perd encore les éléments de l'eau; mais alors il constitue un acide nouveau, l'acide aconitique,

$$C^6H^3O^6(H^3),$$

dont les caractères diffèrent entièrement de ceux de l'acide citrique. Certains autres citrates, soumis à l'action de la chaleur, se convertissent également en aconitates.

Le phosphate de Na ordinaire (a) présente des phénomènes semblables. Cristallisé dans l'eau, il renferme :

$$PO^5(Na^2H) + 12aq.$$

Les cristaux s'effleurissent promptement dans l'air sec, en perdant leur eau de cristallisation. Desséchés à 100°, ils contiennent :

$$PO^5(Na^2H).$$

La solution des cristaux et celle du sel desséché se comportent de la même manière avec les réactifs ; elles précipitent en jaune les sels d'argent, et le précipité renferme :

$$PO^5(Ag^3).$$

Si l'on emploie, dans cette réaction, du nitrate d'argent neutre, le mélange est acide, après la précipitation, par de l'acide nitrique mis en liberté. Si l'on verse le même phosphate de Na dans un excès de nitrate de plomb, il se produit un précipité cristallin d'un sel double (nitro-phosphate de plomb).

Mais qu'on soumette à la calcination le phosphate de Na desséché, il perdra aussi, sous forme d'eau,

---

(a) On l'appelle improprement phosphate de soude neutre ; c'est un sur-phosphate, d'après la définition que nous avons donnée plus haut des sels a cides.

l'hydrogène qui lui est resté ; mais alors le produit aura acquis des propriétés toutes nouvelles. Dissous dans l'eau, il donnera des cristaux d'une toute autre forme que le phosphate ordinaire ; ces cristaux renferment :

$$PO_5^2(Na^2) + 5aq\,;$$

ils ne sont pas efflorescents, et deviennent complétement anhydres à 100° ; leur solution précipite en blanc le nitrate d'argent, sans que le mélange devienne acide, et ce précipité renferme :

$$PO_5^2(Ag^2).$$

Ce nouveau sel de Na ne donne pas non plus, avec le nitrate de plomb, le sel double cristallin produit par le phosphate ordinaire. Bien plus, si l'on transforme en acide, par double décomposition, le nouveau sel de Na ou le sel d'argent blanc, l'acide phosphorique ainsi produit diffère aussi de l'acide phosphorique ordinaire qu'on sépare du phosphate de soude efflorescent. C'est donc un genre salin nouveau qui se forme par la calcination de ce phosphate. M. Clarke lui a donné le nom de *pyrophosphate*. Il doit sa formation à une métamorphose semblable à celle qui donne naissance aux aconitates par les citrates.

M. Graham a démontré que le phosphate de Na acide

$$PO^5(NaH^2) + aq.,$$

présente un phénomène analogue, si, au lieu de lui enlever simplement son eau de cristallisation, on le chauffe jusqu'à la fusion, de manière à expulser aussi l'hydrogène basique sous forme d'eau. On obtient alors un troisième sel, différent des pyrophosphates et des phosphates ordinaires ; ce sel est gommeux, non-cristallisable, et contient

$$PO^5(Na).$$

Il constitue le sel neutre d'un type nouveau, le genre *métaphosphate*. Dans le nitrate d'argent, il produit un précipité blanc,

$$PO^5(Ag),$$

autrement composé que le pyrophosphate, et devenant emplastique au sein de l'eau bouillante.

De semblables métamorphoses, par la seule élimination des éléments de l'eau, sont très-fréquentes en chimie. La différence de caractères entre les produits et les substances primitives, est surtout prononcée pour les combinaisons carbonées ou organiques ; là il suffit souvent d'une semblable élimination d'eau, pour communiquer aux produits des fonctions chimiques entièrement distinctes.

58. Je ferai ici une remarque importante. Quelques sur-sels correspondant à des acides susceptibles de donner des anhydrides, peuvent éliminer, sous forme d'eau, leur hydrogène basique, et former ainsi un type salin nouveau, sans que la différence entre ce type et le type primitif soit appréciable à l'aide des réactifs. Ainsi, par exemple, le sulfate de K acide

$$SO^3(HK),$$

peut éliminer $\frac{1}{2}OH^2$, et devenir

$$SO^3_{\frac{1}{2}}(K),$$

sans que ce sel se comporte autrement, avec les réactifs, qu'un sulfate ordinaire. Il en est ainsi encore du chromate de K acide

$$Cr^2O^4(HK),$$

qu'on n'a même pas obtenu autrement que sous la forme

$$Cr^2O^3_{\frac{1}{2}}(K).$$

Ce sont là évidemment des types différents, par leur composition, des sulfates et des chromates ordinaires ; mais comme la différence ne consiste que dans les éléments de l'eau, et que c'est au sein de l'eau qu'on effectue les réactions destinées à différencier les genres salins, on peut, sans inconvénient, n'en pas tenir compte dans l'interprétation des doubles échanges.

Nous désignerons ces sur-sels particuliers sous le nom d'*anhydro-sels* ; c'est comme s'ils renfermaient l'équisel plus l'anhydride ($SO^7_3K = SO^5 + SO^4K^2$). L'anhydro-sulfate de K donne, en effet, par la chaleur, de l'anhydride sulfurique et de l'équisulfate de K.

Quoi qu'il en soit, on peut toujours exprimer de la manière suivante les relations qui existent entre un équisel oxygéné quelconque, et ses sur-sels ou ses sous-sels : un équisel *plus* n fois l'oxyde correspondant, représente les sous-sels ; un équisel, *moins* n fois l'oxyde correspondant, représente les sur-sels. Dans l'immense majorité des cas, l'oxyde manquant dans ces derniers, est remplacé par les éléments de l'eau.

Exemple :

Équisulfates..... $SO^4(M^2)$.
Sous-sulfates..... $SO^4(M^2) + nO(M^2)$.
Sur-sulfates ..... $SO^4(M)^2 - \frac{1}{2}O(M^2) + \frac{1}{2}O(H^2) = SO^4(MH)$.

59. *Sels copulés*.—Certains corps hydrogénés, tels que l'alcool C^2H^6O, l'esprit de bois CH^4O, l'ammoniaque NH^5, l'aniline C^6H^7N, la naphtaline $C^{10}H^8$, etc., ont la propriété de se combiner avec les acides, en

éliminant les éléments de l'eau, de manière à former des acides nouveaux, renfermant une partie des éléments du premier acide et une partie des éléments du corps hydrogéné.

Ces substances hydrogénées s'unissent, par exemple, à l'acide sulfurique; le produit, qui est lui-même acide (acide sulfovinique, sulfométhylique, sulfammique, sulfanilique, sulfonaphtalique), au lieu de donner, avec les sels de baryum, du sulfate de Ba insoluble dans l'eau et les acides, donne, au contraire, un sel de Ba fort soluble dans l'eau. C'est que le produit de cet *accouplement* ne constitue pas un sulfate, mais un genre salin nouveau.

Prenons pour exemple l'alcool. La réaction est celle-ci :

$$C^2H^6O + SO^3(H^2) = O(H^2) + C^2H^5SO^4(H).$$
Acide sulfovinique.

Dans cet acide sulfovinique, un seul H peut être échangé pour d'autres métaux :

$C^2H^5SO^4(K)$ sulfovinate de potassium,
$C^2H^5SO^4(Pb)$ sulfovinate de plomb, etc.

Beaucoup d'acides organiques qui, outre de l'hydrogène basique, renferment de l'hydrogène non-métallique, donnent aussi, avec l'acide sulfurique, de semblables acides copulés. Tel est, par exemple, l'acide acétique $C^2H^3O^2(H)$, qui donne :

$$C^2H^3O^2(H) + SO^4(H^2) = O(H^2) + C^2H^2O^5S(H^2).$$

Acide sulfacétique.

Avec l'acide sulfacétique, on peut obtenir les sulfacétates

$$C^2H^2O^5S(H^2).$$
$$C^2H^2O^5S(Ag^2), \text{ etc.}$$

Il y a ici un fait remarquable. Dans le cas de l'acide sulfovinique, la basicité de l'acide copulé n'est plus la même que celle de l'acide sulfurique qui a servi à le former ; il n'y a dans le produit qu'un seul équivalent d'hydrogène basique. L'acide sulfovinique est unibasique, tandis que l'acide sulfurique est bibasique. Dans le cas de l'acide sulfacétique, la basicité du produit est plus considérable que celle de l'acide acétique, mais elle est égale à celle de l'acide sulfurique.

J'ai démontré ailleurs (a) que la basicité dans les sels copulés est soumise à une loi fort simple, que j'ai formulée de la manière suivante : Si l'on met en équation, d'une part, les corps entrés en réac-

---

(a) *Comptes-rendus des travaux de Chimie*, 1846, p. 164.

tion; d'autre part, les produits qui en résultent, on trouve que

$$B = (b + b') - 1,$$

B représentant la basicité du sel copulé; b et b' la basicité des corps générateurs avant de s'accoupler; 0, celle d'un corps non-binôme, neutre ou indifférent; 1, 2, 3... celle d'un acide unibasique, bibasique ou tribasique.

Cette loi explique pourquoi l'acide sulfovinique est unibasique, tandis que l'acide sulfacétique est bibasique. Elle est applicable à tous les autres sels copulés.

Un caractère particulier à ces sels, c'est de pouvoir régénérer les substances qui ont servi à les former, si l'on y fixe de nouveau les éléments de l'eau, dans des circonstances favorables.

Les *acides amidés*, les *acides viniques*, les *acides anilidés* appartiennent à cette classe de composés copulés.

Je ferai remarquer que M. Berzélius et d'autres chimistes désignent sous le même nom les composés les plus divers, dont ils groupent les éléments d'après certaines hypothèses dualistiques. C'est dénaturer le sens d'un mot auquel j'ai attaché, en le pro-

posant , une signification bien précise et toute différente.

60. *Détermination de l'espèce d'un sel*. — Les métaux qui différencient les espèces d'un même genre
salin, leur impriment des caractères particuliers
qu'on retrouve dans tous les sels formés par le même
métal. Ainsi, par exemple, tous les sels de plomb
ont des caractères communs, quel que soit le genre
du sel, que ce soit un nitrate, un chlorure, un bro-
mate, etc. Cette communauté de propriétés rend
très-facile la détermination de l'espèce, et il suffit
d'un petit nombre de règles pour permettre, même
aux commençants, de reconnaître la nature du métal dans une combinaison saline. Elles consistent,
en général, à dissoudre dans l'eau ou dans un acide,
je sel qu'on examine, et à y verser la solution d'un
sel d'une composition connue, un réactif, de manière
à provoquer une double décomposition, ayant pour
conséquence la formation d'un précipité, dont l'aspect, la couleur, la solubilité soient caractéristiques.
D'autres fois, on opère sur le sel non dissous, et
l'on en transforme le métal en une combinaison connue. Souvent deux ou plusieurs métaux constituent
la base du sel, et alors le problème se résout comme

s'il y avait ensemble autant d'espèces de genres différents.

En thèse générale, pour reconnaître, par des
doubles échanges, à quel genre appartient un sel,
on en transporte le non-métal sur d'autres espèces
connues ; s'il s'agit de déterminer l'espèce, on transporte le métal sur d'autres genres connus.

Pour voir, par exemple, si un sel est un sulfate,
on cherche, à l'aide d'un sel de baryum, s'il donne
du sulfate de Ba insoluble dans les acides. Pour s'as-
surer si un sel est à base d'argent, on cherche, à
l'aide d'un chlorure, s'il donne du chlorure d'argent,
insoluble dans les acides et soluble dans l'ammoniaque.

Nous allons maintenant indiquer comment on reconnaît les espèces métalliques les plus connues ;
plus loin, nous ferons connaître les propriétés dis-
tinctives des principaux genres. (Voyez SÉRIES CHI-
MIQUES.)

61. Les *acides ou sels à base d'hydrogène* se reconnaissent, en général, à leur action sur le papier
tournesol qu'ils rougissent, et sur les carbonates
qu'ils décomposent avec effervescence ; cependant,
comme les sels acides (sels à base d'hydrogène et

d'un autre métal) peuvent aussi donner ces réactions, il faut chercher, à l'aide des réactions suivantes, si d'autres métaux ne sont pas contenus dans la base. Les métaux qui sont le plus fréquemment associés à l'hydrogène, comme bases, sont : K, Na, Am, Ca, Ba.

Il existe un petit nombre d'acides insolubles (acide silicique) qui ne peuvent être obtenus en solution aqueuse, et qui ne décomposent les carbonates qu'à une haute température.

Le genre le plus caractéristique pour les métaux, c'est le genre sulfure ; tantôt les espèces sont solubles dans l'eau, tantôt insolubles et de couleurs très-variées.

Nous profiterons de ces différences pour grouper les métaux de la manière suivante :

A. Métaux dont les sulfures sont solubles dans l'eau.
- a. K, Na, Am (*a*).
- b. Ba, Ca, Sr.
- c. Mg.

B. Métaux dont les sulfures sont insolubles dans l'eau, mais solubles dans l'acide nitrique ou hydrochloriq.
- a. Zn, Ni, Co, Fe, Mn.
- b. $Fe^{\frac{2}{3}}$ ou $Fe\beta$, $Mn^{\frac{2}{3}}$ ou $Mn\beta$, $Cr^{\frac{2}{3}}$ ou $Cr\beta$, $Al^{\frac{2}{3}}$ ou $Al\beta$.

(*a*) Voir les observations sur l'ammonium (41), et plus bas au chapitre des ALCALOÏDES (72).

<table>
<tr><td>C. Métaux dont les sulfures sont insolubles dans l'eau et dans les acides étendus.</td><td>a. $Cu.Cu^2$ ou $Cu\alpha$, Hg, Hg^2 ou $Hg\alpha$, Pb, Ag, $Bi^{\frac{1}{3}}$ ou $Bi\delta$, Cd.
b. $Au^{\frac{1}{3}}$ ou $Au\beta$, $Pt^{\frac{1}{2}}$ ou $Pt\gamma$, $Sb^{\frac{1}{3}}$ou$Sb\delta$, Sn, $Sn^{\frac{1}{2}}$ou$Sn\gamma$.</td></tr>
</table>

62. **A.** Métaux dont les *sulfures sont solubles dans l'eau*, et qui ne précipitent par conséquent ni par le sulfure hydrique, ni par le sulfure ammonique.

(a) Les sels à base de POTASSIUM, de SODIUM et d'AMMONIUM (41) sont remarquables par leur grande solubilité; par conséquent, ils ne se précipitent pas réciproquement; le sulfate de H ou de K, le phosphate de Na, les carbonates solubles, ne les précipitent pas non plus. La solution des oxydes, des carbonates et des sulfures de ces bases ramènent au bleu le tournesol rougi, et brunissent fortement le papier de curcuma. Ils ne sont pas colorés, à moins de correspondre à un anhydride coloré (par exemple, les chromates).

Voici maintenant ce qui les distingue entre eux. Sous l'influence de la *chaleur*, les sels ammoniques se volatilisent, les uns sans se décomposer, les autres en se décomposant; les sels de K et de Na résistent à l'action de la chaleur, ou du moins, quand il y a décomposition, les parties volatiles ne renferment ni K ni Na, et la partie fixe retient un nouveau sel à base de K ou de Na.

Chauffés avec de la *chaux ou de la potasse* (oxyde de K ou de Ca), les sels ammoniques développent du gaz ammoniac, reconnaissable à l'odeur, à la coloration brune qu'il communique au curcuma, et aux nuages blancs qu'il produit quand on en approche une baguette humectée d'acide hydrochlorique ou acétique; les sels de K et de Na ne présentent rien de semblable.

Chauffés sur un fil de platine, à l'extrémité de la flamme intérieure du *chalumeau*, un grand nombre de sels K produisent une coloration lilas; cette teinte est entièrement masquée par la présence d'une très-petite quantité de Na ou de tout autre métal. Les sels de Na, chauffés au chalumeau dans les mêmes circonstances, colorent la flamme en jaune vif; cette réaction est encore appréciable en présence d'une forte proportion de K.

Parmi les solutions salines dont les réactions sont caractéristiques pour les sels dont nous parlons, il faut nommer le *tartrate hydrique* (acide tartrique), et le *chlorure platinique* (bichlorure de platine). La

faible solubilité, dans l'eau, des tartrates hydro-
potassique (bitartrate de potasse) et hydro-ammo-
nique, de même que des chlorures potassico-platinique (chloroplatinate de potasse, combinaison de
bichlorure de platine et chlorure de potassium),
et ammonico-platinique (chloroplatinate d'ammoniaque, combinaison de bichlorure de platine et
d'hydrochlorate d'ammoniaque), permet de distinguer les sels de K et de Am, des sels de Na, dont
les combinaisons correspondantes sont, au contraire,
fort solubles dans l'eau. Aussi, quand on ajoute un
léger excès d'acide tartrique à une solution, pas
trop étendue, d'un sel de K ou de Am, il se produit
surtout, par l'agitation, un précipité blanc et cristallin de tartrate hydro-potassique (crême de tar-
tre). Les solutions, moyennement concentrées, des
sels de Na, ne sont pas précipitées dans ces circonstances; si elles étaient très-concentrées, il pourrait s'y former, à la longue, des aiguilles ou des
prismes de tartrate hydro-sodique, aisé à distinguer
d'ailleurs du précipité grenu produit par les sels de
K ou de Am.

Le chlorure platinique ne précipite pas les sels de
Na. Mais, dans les solutions de K et de Am, surtout

quand la liqueur a été légèrement acidulée par un peu de chlorure hydrique (acide hydrochlorique), il produit un précipité cristallin, jaune-serin, de chlorure potassico-platinique ou ammonico-platinique.

Enfin, le seul réactif qui précipite les sels de Na, c'est l'*antimoniate potassique ;* encore faut-il que les solutions ne soient pas trop étendues, et qu'elles soient neutres ou légèrement alcalines. L'agitation du mélange, par une baguette, accélère la formation du précipité blanc et cristallin d'antimoniate de Na. Toutefois, la présence du carbonate de K, avec le sel de Na, peut empêcher la formation du précipité, et il faut alors ajouter au liquide de l'acide hydrochlorique ou acétique, jusqu'à ce qu'il ne soit plus que légèrement alcalin ; de même, si le liquide à examiner était acide, le réactif en serait décomposé et donnerait ainsi une fausse indication. Dans ce dernier cas, il faut alors neutraliser par la potasse le liquide acide. On le voit, la recherche du Na, par l'antimoniate de K, exige certaines précautions qu'il est indispensable d'observer.

Pour compléter les indications précédentes sur les moyens de distinguer les sels de K et de Na, nous ajouterons qu'à l'état sec, le carbonate de K est un sel déliquescent, difficile à obtenir cristallisé, tandis que le carbonate de Na cristallise avec facilité et s'effleurit promptement à l'air ; que le sulfate de K ne renferme pas d'eau de cristallisation, ne s'altère pas à l'air, et se distingue ainsi du sulfate de Na (sel de Glauber), qui cristallise avec de l'eau, et donne des cristaux fort efflorescents.

(b) Parmi les sels à base de BARYUM, de STRONTIUM et de CALCIUM, les oxydes et les sulfures partagent la solubilité des oxydes et des sulfures du groupe précédent, et sont, comme ces derniers, alcalins aux papiers réactifs. Les carbonates et les phosphates de ce second groupe sont insolubles dans l'eau ; les sulfates sont insolubles ou fort peu solubles. Les sels de Ba, de Sr et de Ca ne sont pas colorés, à moins de correspondre à un anhydride coloré.

La *potasse* pure (non-carbonatée) ne donne avec les sels de Ba, Sr et Ca un précipité d'oxyde hydro-métallique (oxyde hydraté), que dans les cas où leur solution est fort concentrée ; l'eau redissout le précipité. L'*ammoniaque et les sulfures solubles* ne les précipitent pas.

Le *carbonate de K, Na ou Am* produit dans les trois

espèces de sels, un précipité blanc de carbonate de Ba, Sr ou Ca, insoluble dans l'eau, soluble avec effervescence dans l'acide nitrique.

Avec le *phosphate de Na*, les solutions, neutres ou alcalines, des sels de Ba, Sr ou Ca, donnent un précipité blanc de phosphate, insoluble dans l'eau, soluble dans l'acide nitrique.

Le *fluosilicate hydrique* (acide hydrofluosilicique) ne précipite ni les sels de Ca, ni ceux de Sr, même les plus concentrés. Mais il donne, avec les solutions de Ba, un précipité incolore et cristallin de fluosilicate barytique ; si les solutions sont étendues, le précipité ne se forme qu'au bout d'un certain temps ; il est à peu près insoluble dans les acides nitrique et chlorhydrique.

Le *sulfate hydrique* (acide sulfurique) et les *sulfates métalliques solubles* précipitent les solutions de Ba, même les plus étendues, en donnant du sulfate de Ba, blanc, pulvérulent, insoluble dans les acides et dans les alcalis. Le sulfate de Sr étant moins insoluble dans l'eau que le sulfate de Ba, la même réaction n'a lieu immédiatement avec les sels de Sr, que si les solutions ne sont pas trop étendues ; le précipité ne se forme qu'au bout d'un certain temps dans les solutions de Sr très-étendues. Le sulfate de Ca est le moins insoluble des sulfates de ce groupe ; aussi l'acide sulfurique et le sulfate de Na ne précipitent les sels de Ca, que si les solutions sont assez concentrées ; le précipité est soluble dans beaucoup d'eau et surtout dans les acides. Quand les solutions de Ca sont trop étendues pour être précipitées par l'acide sulfurique, une addition d'alcool fait immédiatement paraître le précipité de sulfate de Ca.

D'un autre côté, l'acide oxalique ou *oxalate hydrique* précipite les sels de Ca, même très-étendus, à l'état d'une poudre blanche, insoluble dans l'eau, l'acide acétique et l'acide oxalique, soluble dans les acides hydrochlorique et nitrique. L'addition de l'ammoniaque favorise la précipitation de l'oxalate de Ca. Cette réaction se présente aussi avec les sels de Ba et de Sr; mais si les solutions en sont très-étendues, elle ne se manifeste plus.

Voici encore quelques propriétés caractéristiques des sels précédents. Le chlorure de Ba sec est insoluble dans l'alcool anhydre, tandis que les chlorures de Sr et de Ca s'y dissolvent ; le chlorure et le nitrate de Ca tombent en déliquescence à l'air ; les nitrates et les chlorures des deux autres métaux ne présentent pas ce caractère. Le nitrate de Ba est insoluble dans l'alcool, le nitrate de Sr se dissout dans l'alcool hydraté, le nitrate de Ca se dissout dans l'alcool absolu.

Quand on délaie dans l'alcool ordinaire un sel de Sr soluble, et qu'on enflamme le liquide, la flamme se colore en beau pourpre; les sels de Ca lui communiquent une teinte jaune-rougeâtre, qu'il faut bien se garder de confondre avec la coloration produite par les sels de Sr.

(c) Les sels à base de MAGNÉSIUM se distinguent du groupe (a), par le peu de solubilité de l'oxyde, par l'insolubilité du sous-carbonate magnésique et du phosphate ammonico-magnésique; du groupe (b), par la complète solubilité du sulfate. Voici quelles en sont les réactions:

L'*ammoniaque* précipite des sels neutres magnésiens une partie du Mg, à l'état d'oxyde hydro-magnésique, blanc et volumineux; une autre partie de l'ammoniaque reste combinée avec le sel magnésien, et produit un sel ammonico-magnésique qui reste en dissolution. Mais, quand on ajoute de l'ammoniaque, même en excès, à une solution acide d'un sel magnésien, ou au mélange d'un sel magnésien et d'un sel ammonique, il ne se produit aucun précipité ; de même, le précipité formé par l'ammoniaque dans la solution neutre d'un sel magnésien, disparaît par l'addition d'un sel ammonique. C'est qu'il se produit dans ces circonstances, des sels ammonico-magnésiques (sels à 2 bases), solubles dans l'eau. Il faut cependant faire exception en faveur du *phosphate ammonico-magnésique*, lequel est, au contraire, insoluble dans l'eau, surtout en présence de l'ammoniaque ; aussi, a-t-on toujours recours à la formation de ce sel, quand il s'agit de découvrir le Mg dans une solution saline. Pour cela, on y verse du chlorure ammonique, de l'ammoniaque et du *phosphate sodique;* alors, si elle est moyennement concentrée, il apparaît immédiatement un précipité blanc et grenu ; si elle est étendue, le précipité ne se manifeste que par l'agitation du mélange. Ce précipité de phosphate ammonico-magnésique est insoluble dans les autres sels ammoniques et dans l'ammoniaque, mais il se dissout dans les acides, même dans l'acide acétique.

Les solutions de Mg, si elles ne sont pas trop étendues, se précipitent aussi par le phosphate de Na seul, sous forme de poudre blanche.

Le *sulfate* et le *fluosilicate hydriques* ne les précipitent pas.

Le *carbonate de K* donne, avec les solutions de Mg, un précipité blanc de sous-carbonate de Mg; une partie du Mg reste en dissolution à l'état de carbonate hydromagnésique (bicarbonate), et n'est précipitée que par l'ébullition du liquide. Les sels ammoniques empêchent entièrement cette précipitation, et redissolvent le précipité déjà formé.

La *potasse* précipite incomplétement les sels de Mg, à l'état d'oxyde hydromagnésique; la précipitation est favorisée par l'ébullition, mais la présence des sels ammoniques l'entrave, comme dans les cas précédents.

A part les silicates magnésiens, tous les sels de Mg insolubles dans l'eau, se dissolvent aisément dans l'acide chlorhydrique. Ils présentent tous une amertume extrême.

63. B. Métaux dont les sulfures sont insolubles dans l'eau, mais solubles dans l'acide nitrique ou hydrochlorique étendus, dont la solution *acide ne précipite pas par le sulfure hydrique, mais qui est précipitée par le sulfure ammonique.*

(a) Les sels de ZINC, de NICKEL, de COBALT, de

FERROSUM et de MANGANOSUM présentent certaines analogies avec les sels magnésiens. Leurs oxydes, sous-carbonates et phosphates sont insolubles dans l'eau, et l'on peut obtenir, avec les sels ammoniques et les sels de ce groupe, des composés solubles à deux bases (ammonico-métalliques), comme avec les sels magnésiens.

Les sels solubles dans l'eau à base de Zn sont incolores, d'une saveur styptique et métallique ; ceux de Ni sont jaunes ou verts ; ceux de Co bleus ou rouges ; ceux de Fe gris ou vert pâle ; ceux de Mn incolores ou rose pâle. Les sels insolubles dans l'eau sont différemment colorés. A l'exception des sels de Mn, tous les sels solubles et neutres de ces métaux rougissent le tournesol. Ils se décomposent par la chaleur.

Le *sulfure hydrique* ne précipite qu'incomplète-ment et souvent même ne précipite pas les solutions neutres de ces sels ; quand on les a rendus acides par quelques gouttes d'acide hydrochlorique, il ne les précipite pas du tout. Mais le *sulfure ammonique* en précipite immédiatement des sulfures métalliques hydratés ; savoir : le Zn, en blanc, soluble dans l'acide hydrochlorique et l'acide nitrique étendus,

13.

insoluble dans un excès de sulfure ammonique, dans la potasse et dans l'ammoniaque ; le Mn, en rose clair, passant au brun foncé à l'air, insoluble dans le sulfure ammonique et les alcalis, aisément soluble dans les acides nitrique et hydrochlorique ; le Fe, en noir, présentant les mêmes conditions de solubilité que le précédent ; le Ni, en noir, soluble en petite quantité dans un excès de sulfure ammonique, de manière à le colorer en brun, peu soluble dans l'acide hydrochlorique, fort soluble dans l'eau régale ; le Co, en noir, insoluble dans le sulfure ammonique et les alcalis, peu soluble dans l'acide hydrochlorique et fort soluble dans l'eau régale.

La *potasse* forme dans les sels de ce groupe des précipités d'oxydes hydrométalliques ou de souss-sels hydrométalliques. Elle précipite le Zn en blanc gélatineux, soluble dans un excès ; le Mn en blanc, insoluble dans un excès, se colorant rapidement en brun à l'air ; le Fe, en blanc, passant très-prompte-ment au vert sale et au rouge brun, insoluble dans la potasse ; le Co, en bleu, insoluble dans la potasse, devenant vert au contact de l'air et rose pâle par l'ébullition ; le Ni, en vert clair, insoluble dans la potasse, inaltérable à l'air.

Si des *sels ammoniques* se trouvent en présence, ils empêchent en partie ou en totalité la précipitation des métaux de ce groupe, en produisant des sels ammonico-métalliques solubles, comme dans le cas des sels magnésiens.

En l'absence des sels ammoniacaux, l'*ammoniaque* précipite des sous-sels hydrométalliques : le Zn, en blanc gélatineux, soluble dans un excès ; avec le Mn et le Fe, la précipitation est comme par la potasse ; le Ni donne un sous-sel vert clair, soluble dans un excès, avec une couleur bleue ; le Co est précipité par l'ammoniaque comme par la potasse, mais le précipité se redissout dans un excès d'ammoniaque avec une couleur brun-rougeâtre.

Le *carbonate potassique* précipite des sous-carbonates hydrométalliques, quand il n'y a pas de sels ammoniques en présence : les précipités ont la même couleur que ceux obtenus par la potasse caustique, et sont insolubles dans un excès de carbonate potassique.

Outre les réactions que nous venons d'indiquer, il importe de noter les suivantes qui sont caractéristiques pour les espèces métalliques de ce groupe.

Quand on chauffe un sel de Zn avec du *carbonate*

sodique dans la flamme intérieure du chalumeau, le charbon se recouvre d'un sublimé jaune pâle qui devient blanc par le refroidissement. Les plus légères traces de Mn se découvrent en faisant fondre la substance avec du *carbonate sodique* (additionné d'un peu de salpêtre), sur une lame de platine dans la flamme extérieure du chalumeau : il se produit alors du manganate sodique, reconnaissable à sa couleur verte. Le *borax* (biborate sodique) dissout au chalumeau, tant à la flamme extérieure qu'à la flamme intérieure, tous les composés du Co, en produisant un beau verre bleu, presque noir par un excès de Co.

Le *cyanure potassique* précipite en vert-jaunâtre les solutions de Ni ; le précipité de cyanure nickélique se redissout aisément dans un excès du cyanure employé, en produisant du cyanure potassico-nickélique. Cette solution est précipitée par l'acide sulfurique et par l'acide hydrochlorique qui en séparent de nouveau le cyanure nickélique. Lorsqu'on verse le même réactif dans une solution de Co acidulée par un peu d'acide hydrochlorique, il se produit un précipité blanc-brunâtre, soluble à chaud dans un excès de cyanure potassique en présence de l'acide hydrocyanique libre. Les acides ne précipitent pas la solution de ce précipité.

Le *ferrocyanure potassique* (a) précipite les sels de ferrosum en blanc-bleuâtre qui passe rapidement à l'air en bleu ; l'acide nitrique produit immédiatement cette coloration dans le précipité. Le *ferricyanure potassique* produit un magnifique précipité bleu foncé. Tous les sels ferreux passent d'ailleurs à l'état de sels ferriques par l'action de l'acide nitrique.

(b) Les sels de FERRICUM et de MANGANICUM se comportent, sous certains rapports, d'une manière différente des sels renfermant le ferrosum et le man-

---

(a) Ce sel potassique renferme (43) :
$$C^6N^6Fe^2(K^4).$$

Le précipité blanc qu'il forme par double décomposition, dans les sels ferreux, contient :
$$C^6N^6Fe^2(KFe^3).$$

Le précipité bleu formé dans les sels ferriques renferme :
$$C^6N^6Fe^2(Fe\beta^4).$$

Le ferricyanure potassique contient comme non-métal du carbone, de l'azote et du ferricum :
$$C^6N^6Fe\beta^3(K^3).$$

Le précipité bleu qu'il produit dans les sels ferreux renferme :
$$C^6N^6Fe\beta^3(Fe^3).$$

ganosum. Ceux de CHROMICUM et d'ALUMINICUM ont beaucoup d'analogie avec les premiers. Souvent on rencontre ensemble les métaux de ce groupe.

Les sels de Feβ sont d'un jaune-rougeâtre plus ou moins foncé ; les sels neutres solubles rougissent le tournesol et se décomposent par la chaleur. Les sels de Mnβ sont fort rares, et n'ont que peu de stabilité. Les sels de Alβ sont incolores par eux-mêmes ; ceux qui sont solubles, ont une saveur douceâtre et astringente, et se décomposent par la chaleur. Quant aux sels de Crβ, ils sont toujours colorés, soit en vert, soit en violet ; ceux qui sont solubles, rougissent le tournesol et se décomposent à une chaleur élevée.

Le *sulfure hydrique* ne précipite pas de sulfure métallique dans les solutions, neutres ou acides, des sels de Feβ, mais il occasionne un trouble blanc-laiteux de soufre, en les faisant passer à l'état de sels de ferrosum (*a*). Les sels de Mnβ se comportent

---

(*a*) Supposons dans un liquide du chlorure ferrique ClFeβ. Nous savons que le symbole du fer avec l'indice β correspond (40) à $\frac{3}{2}$ Fe ; donc

$$\mathrm{ClFe}\beta = \mathrm{ClFe}^{\frac{3}{2}} = \mathrm{Cl}^3\mathrm{Fe}^2.$$

L'hydrogène sulfuré en agissant sur $\mathrm{Cl}^3\mathrm{Fe}^2$ donne :

$$2\mathrm{Cl}^3\mathrm{Fe}^2 + \mathrm{SH}^2 = \mathrm{S} + 4\mathrm{ClFe} + 2\mathrm{ClH}.$$

de la même manière. Mais les sels de $Cr\beta$ et de $Al\beta$ ne sont pas affectés par l'hydrogène sulfuré.

D'un autre côté, le *sulfure ammonique* se comporte avec les sels de $Fe\beta$ et de $Mn\beta$ comme avec les sels de Fe et de Mn, en précipitant du sulfure métallique. Mais, quand on verse le même réactif dans une solution de $Al\beta$, il se précipite de l'oxyde hydro-aluminique, blanc, gélatineux et insoluble dans un excès ; de même, dans une solution de $Cr\beta$, le sulfure ammonique donne un précipité d'oxyde hydro-chromique, vert-bleuâtre et insoluble dans un excès de réactif (*a*).

La *potasse* précipite des oxydes hydrométalliques : le $Fe\beta$, en rouge-brun, volumineux, insoluble dans un excès, ainsi que dans les sels ammoniques ; le $Mn\beta$, en brun, également insoluble ; le $Al\beta$, en blanc gélatineux, et le $Cr\beta$, en vert-bleuâtre, tous deux aisément solubles dans un excès de potasse.

L'*ammoniaque* précipite des sous-sels hydrométalliques, de même couleur que les oxydes hydro-

---

(*a*) Le sulfure ammonique étant en dissolution dans l'eau ou oxyde hydrique, la réaction a lieu, avec les sels chromiques et aluminiques, comme s'ils étaient mis en présence de l'oxyde ammonique et du sulfure hydrique.

métalliques, et insolubles dans un excès d'ammoniaque.

Au chalumeau, avec le *carbonate sodique*, les sels de Mnβ se comportent comme les sels manganeux. Quand on fait rougir au chalumeau une combinaison de Alβ, qu'on y met un peu d'une solution de *nitrate de cobalt*, et qu'on fait rougir de nouveau, on obtient un mélange infusible, coloré en bleu foncé. Les sels de Crβ se reconnaissant aisément, si on les fond avec du *salpêtre* et un peu de carbonate sodique ; ils se convertissent alors en chromates (127).

Les sels de Feβ se distinguent des sels de Fe, en ce que le *ferricyanure potassique* (sel rouge) ne fait qu'en foncer la teinte rouge-brun, sans y produire de précipité bleu ; d'un autre côté, le *ferrocyanure potassique* (sel jaune) précipite immédiatement en bleu foncé les sels de ferricum. Le *borax* dissout, à la flamme extérieure du chalumeau, les composés de Fe et ceux de Feβ, et produit, avec les uns et les autres, un verre rouge foncé qui, chauffé à la flamme intérieure, devient d'un vert-bouteille.

Le *sulfocyanure potassique* colore en rouge de sang les solutions des sels de Feβ ; il ne produit aucun changement dans les sels qui ne renferment que du Fe.

64. **C.** Métaux dont les sulfures sont insolubles dans l'eau et dans les acides étendus, et *dont la solution acide précipite par l'hydrogène sulfuré.*

(a) Les sels de CUIVRE (cupricum et cuprosum), de MERCURE (mercurosum et mercuricum), de PLOMB, d'ARGENT, de BISMUTH et de CADMIUM donnent, par le sulfure hydrique, des sulfures métalliques insolubles dans un excès de réactif, ainsi que dans le sulfure ammonique.

Les sels cuivreux, en solution aqueuse, se transforment aisément à l'air en sels cuivriques, dont la solution est bleue ou verte, rougit le tournesol et présente une saveur astringente et métallique.

Les sels de mercure se volatilisent à la chaleur rouge, les uns sans se décomposer, les autres en se décomposant et en mettant en liberté du mercure métallique ; la plupart d'entre eux sont incolores. Les sels neutres solubles rougissent le tournesol. En traitant par beaucoup d'eau le nitrate et le sulfate mercuriel, ils donnent un sous-nitrate et un sous-sulfate qui se précipitent.

Les sels de plomb sont incolores, à moins que l'anhydride correspondant ne soit coloré ; ils se décomposent presque tous par une très-forte chaleur.

14

Les sels de Ag sont incolores, et noircissent ordinairement au contact de la lumière. Les sels neutres ne rougissent pas le tournesol, et se décomposent au rouge.

Les sels de bismuth sont incolores. Les sels solubles se décomposent au contact de beaucoup d'eau, en précipitant du sous-sel.

Les sels de Cd sont aussi incolores ; les équisels solubles rougissent le tournesol, et se décomposent au rouge.

Le *sulfure hydrique* précipite des sulfures. Il donne avec les sels de Cu un précipité brun-noir, aisément soluble dans l'acide nitrique bouillant, ainsi que dans le cyanure potassique. Quand on ajoute du sulfure hydrique à une solution d'un sel de Hg (mercuricum), il se produit d'abord un précipité blanc, qui, par une plus forte addition de réactif, devient jaune, puis orangé, brun-rouge et finalement noir ; il se forme d'abord un sel double, formé par le sulfure mercurique et les éléments du sel employé, et cette combinaison se détruit peu à peu jusqu'à ce qu'elle soit entièrement convertie en sulfure mercurique. Le sulfure mercurique, ainsi produit, est insoluble dans le sulfure et le cyanure potassiques, ainsi que dans les acides hydrochlorique et nitrique, même bouillants ; mais il se dissout aisément dans la potasse ; l'eau régale le décompose et le dissout ensuite aisément. Les sels de $Hg\alpha$ (mercurosum) donnent, avec le sulfure hydrique, un précipité noir de sulfure mercureux insoluble dans les acides étendus et dans les sulfures alcalins ; la potasse en extrait du sulfure mercurique, en mettant du mercure métallique en liberté (a).

Les sels de Pb précipitent en noir, insoluble dans les acides étendus, la potasse et les sulfures alcalins ; les solutions de bismuth se comportent de la même manière ; celles de Cd donnent un sulfure jaune.

Le *sulfure ammonique* donne les mêmes réactions que le sulfure hydrique.

Mais voici une réaction qui différencie les espèces métalliques dont nous parlons : le *chlorure hydrique* précipite les solutions de Ag, Pb et $Hg\alpha$, et ne précipite pas celles de Hg, Cu, Bi et Cd.

(a) Le sulfure mercurique est

$$S(Hg^2),$$

et le sulfure mercureux

$$S(Hg\alpha^2):$$

or, $Hg\alpha$ équivalant à Hg^2, on a :

$$SHg\alpha^2 = SHg^4 = SHg^2 + Hg^2.$$

Le précipité occasionné par les sels de Ag est caille-botté, insoluble dans l'eau, se colore à la lumière en violet, est insoluble dans l'acide nitrique, et se dissout aisément dans l'ammoniaque; celui de Pb est cristallin, se dissout dans beaucoup d'eau bouillante, et n'est pas altéré par l'ammoniaque; celui de Hgα est blanc, insoluble dans l'eau, et noircit par une addition d'ammoniaque.

Comme réaction caractéristique du Pb, il faut citer la précipitation de ses sels par le *sulfate hydrique* et par les autres sulfates solubles; c'est que le sulfate de plomb est insoluble dans l'eau et plus encore dans l'acide sulfurique étendu; la présence des sels ammoniques peut empêcher, en partie, cette précipitation. Les autres métaux du même groupe ne se comportent pas ainsi; toutefois, le sulfate de Ag est peu soluble dans l'eau, et pourrait se précipiter dans une solution concentrée; mais le sulfate de Ag se dissout dans l'eau bouillante.

La *potasse* et *l'ammoniaque* précipitent des oxydes ordinairement hydratés, ou bien des sous—sels hydrométalliques ou ammonico—métalliques. Les sels de Ag sont précipités en brun—clair, insoluble dans la potasse, fort soluble dans l'ammoniaque;

les sels de Hgα sont précipités en noir , insoluble dans un excès de potasse et d'ammoniaque ; les sels de Hg précipitent en jaune ou en rouge brique (oxyde mercurique) par la potasse , et en blanc (sels mercurammoniques) par l'ammoniaque. Les sels de Pb précipitent en blanc, peu soluble dans la potasse, insoluble dans l'ammoniaque (a). La potasse donne dans les solutions de Cu un précipité bleu clair d'oxyde hydrocuivrique ; l'ammoniaque , un sous-sel bleu-verdâtre soluble dans un excès d'ammoniaque avec une couleur bleue. Les solutions des sels cuivreux sont précipitées par la potasse en rouge brique. La potasse et l'ammoniaque précipitent les sels de bismuth en blanc, insoluble dans un excès du précipitant. Enfin, le Cd est précipité par la potasse en blanc, insoluble dans un excès, et l'ammoniaque produit le même précipité ; mais celui-ci (oxyde hydro-cadmique) se dissout dans un excès d'ammoniaque.

Le *carbonate potassique* produit des précipités de carbonate ou de sous-carbonate, ayant la même couleur que l'oxyde ou le sous-sel précipité par la potasse et l'ammoniaque.

(a) L'acétate de Pb n'est pas précipité par l'ammoniaque, car le sous-acétate produit est soluble dans l'eau.

14.

Les réactions suivantes sont aussi caractéristiques. Chauffés dans un tube, avec du *carbonate de soude* effleuri, les sels mercuriels, quels qu'ils soient, donnent un sublimé de mercure métallique. Une lame de *cuivre* sur laquelle on place une goutte d'un sel mercuriel, prend une tache noire de mercure réduit. Le *chlorure stanneux* produit aussi dans les sels mercuriels une séparation de mercure métallique.

Quand on mêle un sel de cadmium avec du carbonate sodique, et qu'on chauffe ce mélange sur du charbon, dans la flamme intérieure du chalumeau, le charbon se recouvre d'un enduit jaune-rougeâtre d'oxyde cadmique.

L'*iodure potassique* produit dans les sels mercuriques un précipité rouge d'iodure mercurique, soluble dans un excès d'iodure potassique, ainsi que dans un excès de la dissolution mercurique et dans l'acide hydrochlorique. Dans les sels mercureux, le même réactif donne un précipité jaune-verdâtre d'iodure mercureux, qui se fonce par un excès de réactif, et finit par s'y dissoudre.

Le *chromate potassique* peut servir à distinguer le bismuth et le plomb; il produit, avec la solution de ces métaux, des précipités jaunes de chromate de bismuth, ou de plomb ; mais le chromate de bismuth est insoluble dans la potasse caustique, et soluble dans l'acide nitrique étendu, tandis que le chromate de plomb est soluble dans la potasse et peu soluble dans l'acide nitrique étendu.

Quand on plonge une lame de *fer* métallique dans une solution de Cu, elle se recouvre presque instantanément d'un dépôt rouge de cuivre réduit. Cette réduction est surtout sensible en présence d'un peu d'acide libre (acide hydrochlorique). Le *ferrocyanure potassique* donne, avec les sels de Cu, un précipité brun-rouge.

(b) Les sels d'OR, de PLATINE, d'ANTIMOINE et d'ÉTAIN donnent, par le sulfure hydrique, des précipités de sulfures métalliques ; mais ceux-ci se dissolvent dans le sulfure ammonique, en produisant des sulfures ammonico-métalliques solubles (*a*). La solution de ces derniers est précipitée par l'acide

---

(*a*) Il est à remarquer que, parmi les genres salins, il en est deux qui ont la propriété d'être précipités en jaune par l'hydrogène sulfuré, ce sont les arséniates et les arsénites solubles ; le précipité de sulfide arsénieux se dissout dans les sulfures de K ou d'ammonium, en produisant un sulfo-arsénite, soluble dans l'eau (125).

hydrochlorique qui en sépare le sulfure métallique.

Les sels d'or sont jaunes, rougissent le tournesol et se décomposent à la chaleur rouge; les sels de platine (platinicum) sont rouge-brun, et se comportent de la même manière.

Le *sulfure hydrique* précipite en noir les sels d'or, et en brun-noirâtre, ceux de platine; ces sulfures sont insolubles dans l'acide hydrochlorique et dans l'acide nitrique, mais solubles dans le *sulfure ammonique* et dans l'eau régale. La *potasse* et l'*ammoniaque* précipitent les sels d'or en jaune-rougeâtre, insoluble dans un excès, quand les solutions d'or sont concentrées; ces agents n'en précipitent pas les solutions acides. Les sels de platine, en présence de l'acide hydrochlorique, donnent, avec la potasse, un précipité jaune cristallin (chlorure potassico-platinique).

Les sels d'or sont surtout remarquables par la facilité avec laquelle ils sont réduits. Ainsi, dans les solutions d'or, même fort étendues, le *chlorure stanneux* produit, suivant la concentration du liquide, un précipité brun, violet ou pourpre (pourpre de Cassius) d'or métallique, ou une coloration de même nuance; les sels de platine sont colorés en brun-rouge foncé par le même réactif, mais n'en sont pas précipités. Une solution de *sulfate ferreux* réduit aussi les solutions d'or, mais elle ne réduit pas les solutions de platine.

Les sels d'antimoine sont incolores ; l'addition de beaucoup d'eau à certains d'entre eux en sépare un sous-sel insoluble. Ce cas se présente pour le chlorure : le précipité (poudre d'Algaroth) est insoluble dans l'eau, mais il se dissout aisément dans l'acide tartrique ; ce caractère distingue l'antimoine du bismuth, dont le sous-sel précipité par l'eau est insoluble dans cet acide. On peut même empêcher la précipitation du sous-sel, en ajoutant au sel antimonique, avant d'y verser l'eau, une certaine quantité d'une solution d'acide tartrique.

Les sels d'étain sont incolores ; le chlorure stanneux se trouble légèrement par l'addition de beaucoup d'eau, en donnant du sous-sel que l'acide hydrochlorique redissout.

Le *sulfure hydrique* précipite l'antimoine d'une solution acide, sous la forme d'un sulfure orangé, fort soluble dans la potasse et dans le *sulfure potassique* ou *ammonique*, insoluble dans les acides étendus. La solution des sels stanneux donne un sulfure stanneux, brun, soluble dans la potasse, dans le sulfure ammonique, et surtout dans les polysulfures alcalins et dans l'acide hydrochlorique bouillant ; avec les sels stanniques, on obtient un sulfure jaune aisément soluble dans le sulfure potassique, 'ainsi que dans l'acide hydrochlorique bouillant. L'acide nitrique convertit les deux sulfures de l'étain en oxyde stannique insoluble.

La solution du chlorure antimonique, ainsi que des sels où l'antimoine n'est pas associé à un autre métal comme dans l'émétique ou tartrate antimonico-potassique, donne, avec la *potasse*, l'*ammoniaque*, ainsi que les *carbonates potassique* et *ammonique*, un précipité blanc et volumineux d'oxyde hydro-antimonique, fort soluble dans un excès de potasse, insoluble dans l'ammoniaque ; les sels d'étain se comportent de la même manière.

Les solutions des sels d'antimoine ne renfermant pas d'acide nitrique libre, séparent au contact d'une lame de *zinc*, de l'antimoine métallique, sous forme de poudre noire ; les solutions de l'étain se comportent de la même manière, en donnant un dépôt gris-noir d'étain réduit.

Quand on met un sel d'antimoine en présence du zinc métallique, de l'acide sulfurique et de l'eau, il se dégage de l'hydrogène antimonié SbH^3, lequel brûle avec une flamme bleuâtre, en répandant une fumée blanche d'oxyde antimonique. Si l'on tient dans la flamme un corps froid, par exemple, une soucoupe de porcelaine, celle-ci se recouvre d'un enduit d'antimoine métallique, noir et presque sans éclat.

Les combinaisons arsénicales donnent une réaction semblable; cependant, il est aisé d'en distinguer les sels d'antimoine (125).

Le *chlorure d'or* produit, avec les sels stanneux, un précipité d'or métallique (pourpre de Cassius); le *chlorure mercurique*, mis en contact avec les mêmes sels, passe à l'état de chlorure mercureux qui se précipite à l'état d'une poudre blanche.

Quand on chauffe un sel stanneux ou stannique dans la flamme intérieure du chalumeau, sur du charbon, avec un peu de carbonate de soude et du borax, on obtient un globule d'étain métallique, sans que le charbon se recouvre d'aucun enduit.

64 *a*. Récapitulons les principaux faits que nous venons d'exposer sur la manière de déterminer l'espèce d'un sel, d'en reconnaître le métal.

Sont caractéristiques pour :

LES SELS POTASSIQUES.

> La solubilité des sels en général ; la coloration lilas au chalumeau ; la précipitation par l'acide tartrique et par le chlorure platinique.

— SODIQUES.

> La solubilité des sels en général ; la coloration jaune au chalumeau ; la solubilité du bitartrate et du chlorure platinico-sodique ; la précipitation par l'antimoniate potassique.

— AMMONIQUES.

> La solubilité et la volatilité des sels ; le dégagement de l'ammoniaque par la potasse ; la précipitation par le chlorure platinique et par l'acide tartrique.

— BARYTIQUES.

> L'insolubilité du sulfate dans l'eau et les acides ; la précipitation par l'acide hydrofluosilicique ; l'insolubilité du chlorure dans l'alcool absolu.

— STRONTIQUES.

> L'insolubilité du sulfate ; la non-précipitation par l'acide hydrofluosilicique ; la solubilité du chlorure dans l'alcool absolu ; la belle coloration pourpre de la flamme de l'alcool, renfermant un sel strontique en dissolution.

— CALCIQUES.

> Le peu de solubilité du sulfate dans l'eau ; la non-précipitation par l'acide hydrofluosilicique ; l'insolubilité de l'oxalate dans l'eau ; la propriété de tomber en déliquescence du chlorure et du nitrate.

— MAGNÉSIQUES.

> La solubilité du sulfate et l'insolubilité du carbonate dans l'eau ; l'insolubilité du phosphate ammonico-magnésique dans l'eau et l'ammoniaque.

— ZINCIQUES.

> Le sulfure, l'oxyde, le carbonate, blancs, insolubles dans l'eau, solubles dans les acides ; la solubilité de l'oxyde dans la potasse.

— NICKÉLIQUES.

> La coloration des sels ; le sulfure noir, soluble dans les acides étendus ; la précipitation par l'ammoniaque, et la solubilité du précipité dans cet agent avec une couleur bleue.

LES SELS COBALTIQUES.

> La coloration des sels ; la précipitation par l'ammoniaque, et la solubilité du précipité dans cet agent avec une couleur brun-rougeâtre ; la réaction au chalumeau avec le borax.

— FERREUX.

> Le sulfure noir, soluble dans les acides étendus ; la précipitation par le ferrocyanure et le ferricyanure potassique ; la précipitation par la potasse.

— FERRIQUES.

> La réduction par l'hydrogène sulfuré ; la précipitation en bleu par le ferrocyanure ; la non-précipitation par le ferricyanure ; la précipitation par la potasse et l'ammoniaque.

— MANGANEUX.

> Le sulfure blanc, brunissant à l'air ; la coloration verte au chalumeau avec le carbonate sodique.

— CHROMIQUES.

> La coloration des sels en vert ou en violet ; la précipitation par la potasse, et la solubilité du précipité dans un excès de réactif ; la transformation en chromate par le nitre.

— ALUMINIQUES.

> La précipitation par la potasse, et la solubilité du précipité dans un excès de réactif ; la coloration bleue au chalumeau avec le nitrate de cobalt.

— CUIVREUX.

> La transformation rapide à l'air des solutions en sels cuivriques ; la précipitation par la potasse en rouge-brique.

— CUIVRIQES.

> La coloration bleue ou verte des sels ; la précipitation par la potasse ; la solubilité du précipité dans l'ammoniaque avec une couleur bleue ; la précipitation par le ferrocyanure potassique ; la réduction par le fer métallique.

— MERCUREUX.

> L'insolubilité du chlorure dans l'eau ; la décomposition par la chaleur et le carbonate sodique ; la mise en liberté du mercure métallique ; la précipitation par la potasse et l'ammoniaque ; la précipitation par l'iodure potassique.

15

LES SELS MERCURIQUES.
> La solubilité du chlorure dans l'eau ; la décomposition par la chaleur et le carbonate sodique ; la précipitation par la potasse et l'ammoniaque ; la précipitation par l'iodure potassique.

—   PLOMBIQUES.
> L'insolubilité du sulfate dans l'eau et les acides ; le sulfure noir, le chlorure insoluble dans l'eau froide, et soluble dans l'eau bouillante ; la précipitation par le chromate potassique, et la solubilité du précipité dans la potasse.

—   ARGENTIQUES.
> Le chlorure insoluble dans l'eau et les acides, soluble dans l'ammoniaque.

—   CADMIQUES.
> Le sulfure jaune, insoluble dans l'eau, les acides étendus, le sulfure ammonique ; l'oxyde hydro-cadmique et le carbonate blancs, insolubles dans l'eau ; la réaction au chalumeau.

—   BISMUTHIQUES.
> La décompostion du nitrate et du chlorure par l'eau ; l'insolubilité du précipité dans l'acide tartrique ; le sulfure noir ; l'insolubilité du chromate dans la potasse.

—   AURIQUES.
> La décomposition par la chaleur ; la formation du pourpre de Cassius par le chlorure stanneux ; la réduction par le sulfate ferreux ; le sulfure noir, soluble dans les sulfures alcalins.

—   PLATINIQUES.
> La décomposition par la chaleur ; la précipitation par les sels potassiques ; le sulfure brun-noirâtre, soluble dans les sulfures alcalins.

—   ANTIMONIQUES.
> Le sulfure orangé, soluble dans le sulfure ammonique ; la décomposition du chlorure par l'eau ; la solubilité du précipité dans l'acide tartrique ; la formation de l'hydrogène antimonié ; l'oxyde blanc insoluble dans l'eau ; la précipitation des sels par le zinc métallique.

—   STANNEUX.
> Le sulfure brun, soluble dans le sulfure ammonique ; la formation du pourpre de Cassius par les sels d'or ; l'oxyde blanc ; la précipitation des sels par le zinc métallique ; la réduction au chalumeau.

<table>
<tr><td>LES SELS STANNIQUES.</td><td>Le sulfure jaune, soluble dans le sulfure ammonique; l'oxyde blanc; la précipitation des sels par le zinc métallique; la réduction au chalumeau.</td></tr>
</table>

64 *b*. La plupart des métaux peuvent être fondus ensemble en toutes proportions, pour former ce qu'on appelle des *alliages*. Ces produits jouent un rôle remarquable dans l'industrie, et offrent des applications très-nombreuses. Le laiton ou cuivre jaune, le bronze, le métal des cloches, le métal des caractères d'imprimerie, l'argent neuf ou maille-chort, etc., sont de semblables alliages, dans lesquels entrent le cuivre, le zinc, l'étain, le plomb, l'anti-moine, le nickel, etc.

Les alliages sont aux métaux, ce que les solutions sont aux sels. De même que l'eau et les acides (sels à base d'hydrogène) dissolvent, c'est-à-dire s'incorporent, et font passer à l'état liquide beaucoup d'autres corps, et particulièrement des composés jouant les mêmes fonctions chimiques, les métaux en fusion peuvent dissoudre des corps du même ordre, c'est-à-dire des métaux comme eux.

Le plus souvent, l'eau, en dissolvant les sels, n'en altère pas les caractères ; ainsi les métaux, en s'alliant entre eux, ne sacrifient pas les caractères chimiques qui leur sont propres ; la plupart des alliages, en effet, se comportent comme le feraient leurs métaux séparément. Il y a des cas, toutefois, où la combinaison est assez intime pour opposer une plus forte résistance à l'action des réactifs.

Les alliages peuvent se faire en toutes proportions, comme les solutions ; cependant, il existe aussi des alliages d'une composition définie, et même cristallisables.

Lorsque le mercure entre dans la composition d'un alliage, celui-ci porte le nom d'*amalgame*.

—

II. Anhydrides.

65. On donne le nom d'*anhydrides* à des corps non-binômes, renfermant de l'oxygène ou du soufre, et capables de s'unir directement à l'eau ou à l'hydrogène sulfuré pour former des acides.

Dans le langage usuel, on confond souvent les anhydrides avec les acides, et c'est tout au plus si l'on distingue quelquefois les premiers sous le nom d'*acides anhydres* (du grec ἄνευ sans, et ὕδωρ eau), pour les opposer aux *acides hydratés*, c'est-à-dire, combinés avec l'eau, qui représentent les acides proprements dits. Cependant, il importe d'adopter des dénominations plus précises ; car, dans un grand nombre de cas, les acides anhydres se comportent bien autrement que leurs combinaisons avec l'eau. Aussi, pour nous, l'acide anhydre n'est point un acide, et nous réservons exclusivement ce nom pour les combinaisons hydrogénées, qui sont produites par l'eau et les anhydrides, ou par l'hydrogène et certains autres corps simples.

Souvent la combinaison de l'anhydride avec l'eau est si peu stable, que la chaleur seule suffit pour la défaire ; telles sont, par exemple, les combinaisons de l'anhydride sulfureux SO^2, de l'anhydride carbonique CO^2, de l'anhydride borique B^2O^3. D'autres fois, la combinaison s'effectue avec beaucoup d'énergie et avec dégagement de chaleur, et alors l'acide qui en résulte, ne se résout plus en eau et en anhydride, par l'action seule de la chaleur ; dans ce cas se trouvent, par exemple, l'anhydride sulfurique SO^3 et l'anhydride phosphorique P^2O^5.

Lorsque l'acide, correspondant à un anhydride, est insoluble dans l'eau, la combinaison de l'anhydride avec cet oxyde ne s'effectue pas dans les cir-

15.

constances ordinaires. Ainsi, le cristal de roche, qui n'est autre chose que l'anhydride silicique Si^2O^2, ne se dissout pas dans l'eau, même bouillante ; toutefois, cet effet se produit par de la vapeur d'eau trèschaude, et alors on obtient de la silice en gelée qui représente l'acide silicique proprement dit.

D'autres anhydrides exigent une ébullition prolongée dans l'eau, pour fixer les éléments de ce corps. Tel est, par exemple, l'anhydride camphorique $C^{10}H^{14}O^3$ qui ne se convertit en acide que par une ébullition de plusieurs heures.

Certains oxydes appartenant au même genre que l'eau, notamment les oxydes alcalins (potasse, soude, chaux, baryte), attaquent encore mieux ces anhydrides insolubles.

66. Plusieurs anhydrides oxygénés s'unissent aussi à d'autres sels. M. Péligot a fait connaître de semblables combinaisons avec l'anhydride chromique Cr^2O^3 et quelques chlorures ; ainsi, il a obtenu de fort beaux prismes rectangulaires, en dissolvant ensemble de l'anhydride chromique et du chlorure de potassium. Ce produit renferme :

$$[Cr^2O^3, Cl(K)].$$

Bien entendu, un anhydride peut aussi s'unir à un

sel ternaire déjà formé par le même anhydride et un oxyde. Les cristaux jaunes du chromate potassique sont formés par la réunion de l'anhydride chromique et de l'oxyde de potassium :

$$[Cr^2O^3,O(K^2)]=Cr^2O^4(K^2).$$

Mais ce chromate peut s'unir à une nouvelle proportion d'anhydride chromique, et produit alors des cristaux rouges d'anhydro-chromate potassique ; ce qui revient à dire qu'un anhydride peut s'unir en plusieurs proportions avec un même oxyde (58).

Ce qui distingue surtout les anhydrides des acides correspondants, c'est la manière dont ils se comportent avec l'ammoniaque. Au lieu de donner des sels ammoniacaux, correspondant à ces acides, ils fournissent les sels ammoniacaux d'un genre copulé, d'un acide amidé. Ainsi, l'anhydride sulfurique SO^3, mis en contact avec l'ammoniaque sèche, ne donne pas du sulfate ammonique, mais il fournit du sulfamate ammonique (a) :

$$SO^3NH^2(H,NH^3)=SO^3NH^2(Am).$$

Dans ce sel, il n'y a que la moitié des éléments

(a) Ce composé figure, dans les traités, sous le nom impropre de *sulfate d'ammoniaque anhydre*.

de l'ammoniaque sous forme d'ammonium, susceptible d'être échangé pour un autre métal.

67. A l'exception des anhydrides sulfureux, sélénieux, osmieux et carbonique qui sont gazeux, tous les anhydrides sont solides dans les circonstances ordinaires.

Les anhydrides phosphoreux, phosphorique et sulfurique exceptés, tous les anhydrides peuvent s'obtenir en décomposant par la chaleur l'acide correspondant, et même, pour les anhydrides gazeux, cette séparation d'avec l'eau est si aisée qu'elle s'effectue déjà à la température ordinaire, quand on fait agir un acide sur un sel métallique correspondant à l'anhydride. Ainsi, par exemple, l'anhydride carbonique CO^2 se dégage avec effervescence, quand on verse un acide sur un carbonate métallique quelconque ; avec le carbonate de calcium et l'acide sulfurique, on aurait par double décomposition :

Carbonate calciq.	$CO^3(Ca^2)$	$CO^3(H^2)$ carbonate hydrique.
Sulfate hydrique	$SO^4(H^2)$	$SO^4(Ca^2)$ sulfate calcique.

Mais l'acide carbonique est si peu stable qu'il se dédouble immédiatement en eau et en anhydride carbonique, qui se développe à l'état de gaz. La réaction est donc, en réalité, celle-ci :

Carbonate calcique $CO^3(Ca^2)$ | CO^3 . . . carbonide normal.

 | $O(H^2)$ . . oxyde hydrique.

Sulfate hydrique. . $SO^4(H^2)$ | $SO^4(Ca^2)$ sulfate calcique.

68. Comme les anhydrides sont des corps non-binômes, nous ferons de chaque anhydride oxygéné l'espèce normale d'un genre particulier, dont le nom sera terminé en *ide*.

Ainsi, nous dirons :

CO^2 carbonide normal ou anhydride carbonique.

P^2O^3 phosphatide normal ou anhydride phosphorique.

$C^{10}H^{14}O^3$ camphoride normal ou anhydride camphorique.

Ces anhydrides, en fixant les éléments de l'eau, se convertissent en acide carbonique, phosphorique ou camphorique. Cette nomenclature est donc aisée à retenir.

Il existe un certain nombre d'*anhydrides sulfurés*, capables de s'unir directement à l'hydrogène sulfuré ou aux sulfures métalliques. Nous en ferons des espèces sulfurées du même genre que les anhydrides oxygénés correspondants :

CS^2 carbonide sulfuré ou anhydride sulfocarbonique.

De même que l'anhydride carbonique produit des carbonates en s'unissant aux oxydes, l'anhydride sulfocarbonique donne naissance aux sulfocarbonates.

69. Voici la liste des anhydrides les plus connus ; on remarquera que tous les acides n'ont pas leur anhydride. Ainsi, par exemple, l'anhydride nitrique est inconnu tout comme les anhydrides qui correspondraient aux acides chlorique, hyposulfurique, oxalique, etc. D'ailleurs, nous avons déjà fait remarquer que les acides monobasiques ne donnent pas d'anhydrides (53).

TABLE DES ANHYDRIDES LES PLUS CONNUS.

Formule	Anhydride	État	S'unissant aux	Sels produits
SO^2	Anhyd. sulfureux, ou sulfitide	normal,	en s'unissant aux oxydes, produit les	sulfites.
SO^3	— sulfurique, ou sulfatide	—	Id.	sulfates.
P^2O^3	— phosphoreux, ou phosphitide	—	Id.	phosphites.
P^2O^5	— phosphorique ou métaphos-phoriq, ou phosphatide	—	Id.	phosphates.
As^2O^3	— arsénieux, ou arsénitide	—	Id.	arsénites.
As^2S^3	— sulfarsénieux, ou arsénitide	sulfuré,	sulfures	sulfarsénites.
As^2O^5	— arsénique, ou arséniatide	normal,	oxydes	arséniates.
As^2S^5	— sulfarsénique, ou arséniatide	sulfuré,	sulfures	sulfarséniates.
NO^3	— hyponitrique ou nitroso-nitri-que, ou hyponitride	normal,	oxydes	hyponitrates, ou à la fois des nitrit. et des nitrat.
I^2O^5	— iodique ou iodatide	—	Id.	iodates.
ClO^4	— hypochlorique ou chloroso-chlorique, ou hypochloride	—	Id.	hypochlorat., ou à la fois des chlorit. et des chlor.
Cr^2O^3	— chromique, ou chromide	—	Id.	chromates.
Sn^2O^2	— stannique, ou stannide	—	Id.	stannates.
Si^2O^2	— silicique, ou silicide	—	Id.	silicates.
B^2O^3	— borique, ou boride	—	Id.	borates.
CO^2	— carbonique, ou carbonide	—	Id.	carbonates.
CS^2	— sulfocarbonique, ou carbonide	sulfuré,	sulfures	sulfocarbonates.
$C^4H^4O^3$	— succinique, ou succinide	normal,	oxydes	succinates.
$C^4H^4O^5$	— tartrique, ou tartride	—	Id.	tartrates.
$C^6H^{10}O^6$	— lactique, ou lactide	—	Id.	lactates.
$C^{10}H^{14}O^3$	— camphorique, ou camphoride	—	Id.	camphorates.

70. A leur tour, les corps halogènes, chlore, brôme, iode et fluor, sont suceptibles de produire avec les mêmes éléments qui donnent naissance aux anhydrides sulfurés ou oxygénés, une autre espèce d'anhydrides que nous désignerons sous le nom générique d'*halanhydrides*. Ceux-ci comprennent les *chloranhydrides*, les *bromanhydrides*, les *iodanhydrides* et les *fluoranhydrides*, ou, par abréviation, les *chlorides*, les *bromides*, les *iodides* et les *fluorides*. Plusieurs de ces composés peuvent s'unir directement à des chlorures, à des bromures, etc., salins, pour former les *halosels* (chlorosels, bromosels, etc.).

Tout anhydride oxygéné ou sulfuré a ordinairement ses halanhydrides correspondants. Exemple :

Anhydride oxygéné :	Anhydride sulfuré :	Anhydride chloré :	Anhydride bromé :
As^2O^3 anhydr. arsénieux.	As^2S^3 sulfide arsénieux.	As^2Cl^6 chloride arsénieux.	As^2Br^6 bromide arsénieux.

Il y a cependant cette différence entre l'anhydride oxygéné et les halanhydrides correspondants, que, dans ces derniers, 2 volumes de chlore, brôme, iode, fluor remplacent 1 volume d'oxygène (40).

Au contact de l'eau, les halanhydrides en fixent les éléments, et donnent le même genre salin que l'anhydride oxygéné correspondant ; plus du chlorure, bromure, iodure ou fluorure. Ainsi, par exemple, le chloride phosphoreux donne de l'acide phosphoreux et de l'acide hydrochlorique ; le bromide phosphorique donne de l'acide phosphorique et de l'acide hydrobromique.

71. Enfin, il existe aussi des anhydrides à la fois oxygénés ou sulfurés et chlorés ou bromés ; tels sont les composés connus sous le nom d'*oxychlorides*, de *sulfochlorides*, d'*oxybromides*, etc. Nous citerons pour exemple l'oxychloride et le sulfochloride phosphorique :

P^2O^5...	anhydride phosph.	P^2S^5...	sulfide phosphorique.
$P^2O^2Cl^6$	oxychloride phosph.	$P^2S^2Cl^6$	sulfochloride phosph.
P^2Cl^{10}..	chloride phosph.	P^2Cl^{10}	chloride phosphorique.

On remarque que ces nouveaux anhydrides sont des corps intermédiaires placés entre les anhydrides seulement oxygénés ou sulfurés, et les halanhydrides correspondants.

III. ALCALOÏDES.

72. On appelle *alcaloïdes* certains composés contenant de l'hydrogène et de l'*azote*, capables de s'unir directement aux sels à base d'hydrogène (aux

16

acides) ou à des sels métalliques, et de former avec eux des composés définis. Bien qu'aucun échange ne s'effectue par la rencontre d'un acide et d'un alcaloïde, le produit de leur combinaison porte néanmoins le nom de sel, à cause des nombreuses analogies qu'il présente avec les combinaisons salines proprement dites.

C'est que, dans les sels formés par les alcaloïdes, dans les *alcalisels*, on peut déplacer le sel hydrogéné (l'acide) ou métallique par un autre sel, ou l'alcaloïde par un autre alcaloïde. Les alcaloïdes sont donc des corps qui s'unissent aux sels sans en détruire le caractère binôme.

L'ammoniaque est le type des alcaloïdes; on sait qu'elle renferme de l'azote et de l'hydrogène NH^3. Le carbone, ou le carbone et l'oxygène viennent souvent se joindre à ces deux éléments. Un grand nombre d'alcaloïdes composés de quatre éléments se rencontrent tout formés dans les plantes: l'opium, le quinquina, le café, le thé, le tabac contiennent de semblables alcaloïdes carbonés. Ceux-ci sont généralement connus sous le nom d'*alcalis végétaux* ou de *bases organiques*; ils se comportent, sous le rapport chimique, comme l'ammoniaque.

On connaît aussi un petit nombre d'alcaloïdes dans lesquels l'azote est remplacé par du *phosphore* ou par de l'*arsenic*, et quelques autres qui contiennent du soufre à la place de l'oxygène. Dans ces derniers temps, on a aussi découvert des alcaloïdes renfermant du platine, de l'azote et de l'hydrogène. Enfin, les corps halogènes y remplacent quelquefois l'hydrogène (37).

73. La théorie de l'ammonium (41) ne résume pas toutes les propriétés des alcaloïdes ; elle ne s'applique, en effet, qu'aux combinaisons de l'ammoniaque avec les acides. En représentant par Am les éléments NH^4, voici comment elle exprime les sels ammoniacaux :

Ammoniaque et chlorure d'hydrogène :
$$NH^3 + Cl(H) = Cl(Am) \text{ chlorure ammonique,}$$
semblable à $Cl(M)$.

Ammoniaque et sulfate d'hydrogène :
$$2NH^3 + SO^4(H^2) = SO^4(Am^2) \text{ sulfate ammonique,}$$
semblable à $SO^4(M^2)$.

L'ammoniaque s'unit non-seulement aux acides ou sels à base d'hydrogène, mais encore aux sels métalliques. Ainsi, on connaît les combinaisons suivantes :

Ammoniaque et chlorure de cuivre $[NH^3 + Cl(Cu)]$.
Ammoniaque et sulfate d'argent... $[2NH^3 + SO^4(Ag^2)]$.

Notez que la formation de ces dernières est exactement la même que celle des combinaisons de l'ammoniaque avec les acides. Dans l'un et l'autre cas elle est directe, et s'effectue au contact de l'ammoniaque avec les sels à base d'hydrogène ou de métal. L'analogie devient manifeste, si l'on écrit ces composés de la manière suivante :

Chlorures ammo- niacaux	$Cl(H$ $\quad H^3N)$	$Cl(Cu$ $\quad\quad H^3N)$.
Sulfates ammo- niacaux	$SO^4(H^2$ $\quad H^6N^2)$.	$SO^4(Ag^2$ $\quad\quad H^6N^2)$.

Il faut donc compléter la théorie de l'ammonium, d'après M. Laurent, en disant que le métal composé NH^4 peut renfermer un métal simple (argent, cuivre) à la place d'une partie, et même, dans d'autres cas, de la totalité de l'hydrogène. On a donc encore les groupes suivants, qui peuvent se substituer à M pour jouer le même rôle :

> Le cuprammonium. . . . . NH^3Cu.
>
> L'argentammonium. . . . . NH^3Ag, etc.

De sorte qu'on a aussi :

> Un chlorure ammonique,
>
> Un chlorure cuprammonique,
>
> Un sulfate ammonique,
>
> Un sulfate argentammonique, etc.

La même chose doit se dire des autres alcaloïdes, quinine, morphine, strychnine, etc., c'est-à-dire, de tous les alcaloïdes végétaux, car ils se comportent, comme l'ammoniaque, avec les acides et avec les sels métalliques.

Ainsi, la strychnine $C^{22}H^{24}N^2O^2$, l'alcaloïde de la noix vomique, se combine avec l'acide nitrique et avec le nitrate d'argent ; or, voici ces combinaisons :

$$[C^{22}H^{24}N^2O^2 + NO^3(H)] \quad \text{nitrate strychnique.}$$
$$[C^{22}H^{24}N^2O^2 + NO^3(Ag)] \quad \text{nitrate argento-strychnique.}$$

74. Certains alcaloïdes, comme l'ammoniaque et même plusieurs alcaoïdes organiques, pris en dissolution aqueuse ou alcoolique, ramènent au bleu le papier de tournesol rougi par les acides, et verdissent le sirop de violettes ; beaucoup d'entre eux, en s'unissant aux acides, les neutralisent et en font disparaître la réaction acide ; de même, en ajoutant de la potasse aux alcalisels formés par les alcaloïdes insolubles (quinine, morphine, strychnine), on en précipite ces derniers, comme s'il s'agissait d'un sel de cuivre ou d'argent, qui serait précipité à l'état d'oxyde. Mais l'analogie n'est pas complète ; car, tandis que le précipité, occasionné par

16.

a potasse dans un sel métallique, est un oxyde, comme le réactif employé, ce précipité dans le cas des alcaloïdes non-oxygénés ne renferme pas d'oxygène. La même chose a lieu quand on ajoute de la potasse à un sel ammoniacal ; car l'ammoniaque qui se dégage n'est pas un corps oxygéné. Voici qui fera saisir la différence :

Sels ne renfermant pas d'alcaloïde.

	Avant.	Après.
Sulfate hydrique...	$SO^4(H^2)$	$SO^4(K^2)$ sulfate potassique.
Oxyde potassique..	$O(K^2)$	$O(H^2)$ oxyde hydrique.
Sulfate argentique.	$SO^4(Ag^2)$	$SO^4(K^2)$ sulfate potassique.
Oxyde potassique...	$O(K^2)$	$O(Ag^2)$ oxyde argentique.

Alcalisels.

Sulfate aniliq. $SO^4(H^2,C^{12}H^{14}N^2)$	$SO^4(K^2)$ sulfate potassique.	
	$C^{12}H^{15}N^2$ aniline libre.	
Oxyde potassique $O(K^2)$	$O(H^2)$ oxyde hydrique.	
Sulfate argentam. $SO^4(Ag^2,H^6N^2)$	$SO^4(K^2)$ sulfate potassique.	
	H^6N^2 ammoniaque libre.	
Oxyde potassique $O(K^2)$	$O(Ag^2)$ oxyde argentique.	

Il est évident, d'après cela, que les alcalis minéraux (oxydes à métaux alcalins, 50) font éprouver une action double aux sels des alcaloïdes ; ils y déterminent l'élimination de l'alcaloïde, en même temps qu'ils opèrent la double décomposition avec l'acide ou le sel métallique uni à cet alcaloïde, absolument comme si cet acide ou ce sel métallique se trouvait à l'état de liberté.

75. La plupart des alcaloïdes carbonés se rencontrent tout formés dans les végétaux ; un seul, l'urée, s'élabore dans l'économie animale. Dans ces dernières années, la chimie est parvenue à produire artificiellement, outre l'urée, plusieurs alcaloïdes nouveaux, et tout nous porte à espérer que bientôt la quinine, la narcotine, la morphine ne s'extrairont plus des quinquinas ou de l'opium, mais s'obtiendront dans nos laboratoires par des procédés semblables.

Ce n'est pas en combinant directement l'azote avec le carbone, l'hydrogène et l'oxygène qu'on a réussi à effectuer ces reproductions artificielles : on connaît l'indifférence chimique de l'azote libre (113) ; c'est donc par des moyens détournés qu'on a dû opérer. En effet, la plupart des alcaloïdes factices ont été obtenus par l'action de l'ammoniaque sur d'autres corps déjà carbonés, offerts par la nature, ou bien par l'influence de certains agents sur des composés déjà azotés et obtenus avec l'acide nitrique (95 a). Le cadre de cet ouvrage ne nous permet pas de discuter ici cette question intéressante ; je l'ai développée ailleurs (a) avec plus de détails.

On a cru pendant long-temps que les alcaloïdes contenaient de l'ammoniaque toute formée, et devaient à ce corps leurs propriétés ; mais il est démontré aujourd'hui qu'elles n'ont aucun rapport avec les proportions d'azote et d'hydrogène contenues dans ces corps. Il en est qui renferment bien plus d'azote et d'hydrogène qu'il n'en faudrait, sous forme d'ammoniaque, pour neutraliser les acides saturés par eux.

76. L'ammoniaque est gazeuse dans les circonstances ordinaires ; les alcaloïdes ternaires composés de carbone, d'hydrogène et d'azote sont ordinairement liquides et huileux ; ceux qui renferment, en outre, de l'oxygène, se présentent à l'état solide et cristallisable.

Les alcaloïdes ont une saveur amère et fort âcre qu'ils communiquent à leurs sels. Plusieurs d'entre eux agissent très-énergiquement sur l'économie animale, et, même à petite dose, en véritables poisons.

Plus les alcaloïdes sont oxygénés, mieux ils se dissolvent dans l'eau, à part l'ammoniaque qui s'y

---

(a) *Précis de Chimie organique*, tom. 1, pag. 126.

dissout en toutes proportions. L'alcool dissout aisément à chaud les alcaloïdes carbonés, et les abandonne, par le refroidissement, sous forme de cristaux plus ou moins déterminables.

Lorsque les alcalisels sont formés par un acide (alcalisels hydriques), ils sont en général solubles dans l'eau; les autres alcalisels métalliques sont généralement peu solubles dans l'eau, à l'exception toutefois des sels ammoniacaux dont la solubilité est très-grande.

77. Un caractère propre à tous les alcaloïdes, c'est que leurs alcalisels hydriques et surtout leurs chlorures (hydrochlorates) donnent, par une solution de chlorure platinique dans l'acide hydrochlorique, un précipité jaune orangé qui se dissout quelquefois dans l'eau bouillante, et se dépose par le refroidissement à l'état cristallisé. Ce précipité (chlorure-platinico-alcaloïdique) donne par la calcination un résidu de platine pur.

78. Les alcaloïdes solides et insolubles qui se rencontrent dans les plantes s'obtiennent aisément en épuisant les parties végétales par un acide étendu qui puisse former avec l'alcaloïde une combinaison soluble. On emploie ordinairement, pour cela, de

l'acide hydrochlorique ou sulfurique. On concentre ensuite les extraits, et on les précipite par de la chaux, par de l'ammoniaque ou par du carbonate de soude; l'alcaloïde s'obtient à l'état de pureté, si on le fait dissoudre dans l'alcool ou dans l'éther, et qu'on abandonne le liquide à l'évaporation. S'il était coloré, il faudrait de nouveau le combiner avec un acide, et traiter la dissolution par du charbon animal. C'est par ce procédé que s'obtiennent la quinine, la strychnine, la morphine, etc.

Lorsque l'alcaloïde est liquide et volatil, on opère comme précédemment ; mais, au lieu de précipiter par l'alcali minéral, on distille la combinaison avec de la potasse. C'est à peu près de cette manière qu'on extrait l'alcaloïde du tabac et de la ciguë.

79. Voici une liste qui comprend les alcaloïdes les plus connus, avec l'indication de leur composition et de leur mode de formation. On remarquera que les noms de la plupart des alcaloïdes se terminent en *ine*; ces noms ne sont pas systématiques, puisqu'ils s'appliquent à des corps dont presque tous renferment les mêmes éléments, seulement en proportions différentes. Les noms rappellent ordinairement l'origine de l'alcaloïde.

NOMS.	COMPOSITION.	MODE DE FORMATION.
Ammonniaque.	NH^3.	Putréfaction des matières azotées.
Ammoniaque bi-iodée (iodure d'azote).	NHI^2.	Par l'ammoniaque et l'iode.
Phosphine (hydrog. phosphoré gazeux).	PH^3.	Décomp. des phosphites par la chaleur.
Semiplatamine.	N^2H^5Pt+aq.	Par le chlorure platineux et l'ammoniaque.
Aniline ou kyanole.	$2C^6H^7N$.	Dans l'huile du goudron de houille ; par la distillation de l'indigo avec la potasse.
Aniline chlorée.	C^6H^6ClN.	Distillation, avec la potasse, de l'indigo traité par le chlore.
Brucine.	$C^{22}H^{26}N^2O^4+4aq$.	Dans la noix vomique.
Caféine ou théine.	$C^5H^{10}N^4O^2+aq$.	Dans le thé et le café.
Cinchonine.	$C^{19}H^{22}N^2O$.	Dans les quinquinas bruns et gris.
Cinchonine bibromée.	$C^{19}H^{20}Br^2N^2O$.	Par le brôme et la cinchonine.
Codéine.	$C^{18}H^{21}NO^6+aq$.	Dans l'opium.

NOMS.	COMPOSITION.	MODE DE FORMATION.
Conine.	$C^8H^{15}N$.	Dans la ciguë.
Morphine.	$C^{17}H^{19}NO^6 + aq$.	Dans l'opium.
Narcotine.	$C^{23}H^{25}NO^7$.	Dans l'opium.
Nicotine.	$C^{10}H^{14}N^2$.	Dans le tabac.
Pipérine.	$C^{17}H^{19}NO^3$.	Dans le poivre.
Quinine.	$C^{19}H^{22}N^2O^2$.	Dans les quinquinas véritables.
Quinoléine ou leukole.	$C^{18}H^{14}N^2$.	Dans l'huile du goudron de houille ; par la distillation de la quinine avec la potasse.
Strychnine.	$C^{22}H^{24}N^2O^2$.	Dans la noix vomique.
Urée.	CH^4N^2O.	Dans l'urine des mammifères ; par la métamorph. du cyanate ammonique.
Théobromine.	$C^7H^8N^4O^2$.	Dans le cacao.
Thiosinamine.	$C^4H^8N^2S$.	Par l'ammon. et l'essence de moutarde.
Alcarsine ou liq. de Cadet.	$C^4H^{12}As^2O$.	Par la distillation de l'acétate potassique avec l'anhydride arsénieux.

Les formules sont équivalentes ; chaque équivalent s'unit à un équivalent d'acide renfermant H, pour produire un alcalisel neutre.

80. Dans les développements précédents, nous n'avons considéré que les espèces normales des alcaloïdes. Il est bon de remarquer que les espèces chlorées, bromées, iodées (36) suivent les mêmes lois : les corps halogènes n'y sont pas indiqués par les réactifs qui caractérisent les chlorures, iodures, bromures, à moins que ces espèces ne se décomposent en présence de l'eau, ce qui peut arriver. Toutefois, l'alcalinité des alcaloïdes diminue à mesure qu'y augmente la proportion du chlore et des autres éléments halogènes. Ainsi, tandis que l'aniline normale C^6H^7N possède à un haut degré les propriétés des alcaloïdes, l'aniline chlorée C^6H^6ClN est, sous ce rapport, plus faible, l'aniline bichlorée $C^6H^5Cl^2N$ l'est encore davantage, et enfin l'aniline trichlorée $C^6H^4Cl^3N$ n'est plus alcaline du tout.

Il en est de même de l'ammoniaque bijodée NHJ^2 (iodure d'azote) et de l'ammoniaque trichlorée NCl^3 (chlorure d'azote). Ce dernier corps n'est plus alcalin, tandis que l'ammoniaque bijodée se dissout encore dans les acides étendus, et en est précipitée par la potasse diluée.

17

IV. Alcalamides.

81. Lorsqu'on soumet à l'action de la chaleur certaines combinaisons des alcaloïdes volatils avec les acides oxygénés, elles éliminent les éléments de l'eau et se trouvent alors converties en des corps nouveaux qui n'ont plus les caractères des alcalisels : les produits, tantôt binômes, tantôt non-binômes, portent le nom d'*alcalamides*.

Si l'alcaloïde dont la combinaison s'est ainsi métamorphosée, est l'ammoniaque, l'alcalamide s'appelle tout simplement *amide ;* si c'est l'aniline, on le nomme *anilide*, etc. Il peut y avoir, en effet, autant d'alcalamides qu'il existe d'alcaloïdes.

Exemples. L'oxalate ammonique (a)

$$C^2O^4(H^2,H^6N^2)=C^2O^4(Am^2),$$

porté à une température dépassant 200°, élimine $2OH^2$, et se convertit en un corps insoluble dans l'eau, qui ne se comporte plus comme un sel ammonique. Ce produit, découvert par M. Dumas, contient :

$$C^2O^2H^4N^2,$$

(a) Il faut se rappeler que $NH^4=Am$ remplace M.

et a reçu le nom d'*oxamide* ou d'*amide oxalique*.

Si, au lieu de décomposer l'oxalate d'ammoniaque neutre, on emploie l'oxalate acide :

$$C^2O^4(H^2,H^3N) = C^2O^4(HAm),$$

ce sel élimine OH^2, et l'on obtient encore une amide oxalique, mais qui, cette fois, est acide, et s'appelle *acide oxamique* :

$$C^2O^3H^2N(H).$$

Cet acide appartient à un genre nouveau, tout différent des oxalates ; et, chose remarquable, tandis que ces derniers sont bibasiques, les oxamates sont monobasiques.

J'ai démontré, dans ces derniers temps (*a*), que les alcaloïdes organiques, entre autres l'aniline C^6H^7N, se comportent comme l'ammoniaque.

Ainsi, j'ai obtenu :

avec l'oxalate anilique (*b*). . . . . $C^2O^4(An^2) = C^{14}O^4H^{16}N^2$

l'oxanilide ou anilide oxalique. . . . . $C^{14}O^2H^{12}N^2$

Différence. . . . . $O^2H^4,$

comme dans le cas de l'oxamide.

(*a*). *Recherches sur les anilides, nouvelle classe de composés organiques.* Mémoire présenté à l'Académie des sciences, le 7 avril 1845.

(*b*) An représente ici un groupe C^6H^5N semblable à l'ammonium.

De même :

$$\text{le sulfate anilique} \dots\dots\dots SO^3(HAn) \qquad = SO^3C^6H^7N$$
$$\text{a donné l'acide sulfanilique} \dots SO^3C^6H^6N(H) \dots \overline{\quad SO^3C^6H^7N \quad}$$
$$\text{Différence} \dots\dots\dots\dots\dots OH^2,$$

comme dans le cas de l'acide oxamique.

Ces amides et ces anilides ont un caractère commun. Lorsqu'on les met, dans les circonstances convenables, en présence des éléments de l'eau qui s'étaient séparés des alcalisels pendant la formation des alcalamides, on peut régénérer l'alcaloïde et le sel contenu dans ces alcalisels. Cette régénération peut s'effectuer par l'intermédiaire de certains acides concentrés (acide sulfurique, acide hydrochlorique), ou par des alcalis hydratés (oxyde hydropo-tassique, hydro-sodique, etc.). L'oxamide et l'acide oxamique régénèrent alors de l'acide oxalique et de l'ammoniaque; l'oxanilide reproduit de l'acide oxalique et de l'aniline, l'acide sulfanilique fournit de l'acide sulfurique et de l'aniline.

Exemples. En faisant bouillir l'oxamide avec de l'acide sulfurique et de l'eau , on obtient de l'acide oxalique et du sulfate ammonique :

$$C^2O^2H^4N^2 + SO^4(H^2) + 2O(H^2) = C^2O^4(H^2) + SO^4(H^2, N^2H^6).$$

Si l'on chauffe de l'oxanilide avec de la potasse concentrée, il se dégage des vapeurs d'aniline, et l'on obtient de l'oxalate potassique :

$$C^{14}O^2H^{12}N^2 + 2O(HK) = C^2O^4(K^2) + 2C^6H^7N.$$

Cette régénération des substances primitives constitue la propriété fondamentale des alcalamides.

82. Les alcalamides, et principalement les amides, s'obtiennent encore par d'autres moyens que par l'action de la chaleur sur les sels ammoniques : par la combinaison directe des anhydrides oxygénés avec l'ammoniaque, ou par la combinaison du chloride correspondant (70) avec cet alcaloïde et l'action subséquente de l'eau.

Exemples. L'anhydride camphorique renferme $C^{10}H^{14}O^3$; combiné directement avec l'ammoniaque, il donne :

l'acide camphoramique (*a*).... $C^{10}H^{16}NO^3(H) = C^{10}H^{17}NO^3$.
Le camphorate ammonique acide
   renferme................ $C^{10}H^{14}O^4(HAm) = C^{10}H^{19}NO^4$

                Différence........ H^2O,

comme dans le cas de l'acide oxamique.

____

(*a*) Voir Laurent , *Comptes-rendus des travaux de chimie*, 1845, pag. 144.

17.

J'ai obtenu l'amide phosphorique (a) en faisant agir l'ammoniaque sur le chloranhydride phosphorique P^2Cl^{10} ou PCl^5 (70), et mettant le produit en contact avec l'eau. On a, en effet,

$$PCl^5+2NH^3=2ClH+PCl^3N^2H^4$$

$$PCl^3N^2H^4+OH^2=3ClH+POH^3N^2.$$

Or,

Le phosphate ammonique renferme $PO^5(HAm^2)=PO^5H^9N^2$;
Si l'on en retranche les éléments de l'eau...... $O^3H^6.$

Il reste ceux de la phosphamide..... $\overline{POH^3N^2}$

Humectée d'eau et soumise à la chaleur, la phosphamide donne de l'acide phosphorique et de l'ammoniaque.

Il y a enfin un quatrième mode de formation des amides : c'est l'action de l'ammoniaque sur quelques éthers.

83. Suivant que les acides sont unibasiques, bibasiques ou tribasiques, ils donnent tantôt des amides, des anilides, etc., non-binômes ; tantôt des acides amidés, anilidés, etc.; tantôt les deux genres d'alcalamides à la fois.

(a) *Recherches sur les combinaisons du phosphore avec l'azote.* (*Annales de chimie et de physique* , 3ᵉ série, tom. XVIII, pag. 194.)

Ils suivent en cela la loi qui a déjà été exposée plus haut pour les sels copulés (59).

Cette loi conduit aux corollaires suivants : 1° *Un acide unibasique ne peut donner qu'une amide (ou anilide, etc.) non-binôme, et ne fournit pas d'acide amidé (ou anilidé, etc.)*. En effet, pour les acides unibasiques, B devient égal à 0 (la basicité de NH^3 étant égale à 0), et les acides unibasiques ne donnent qu'un seul sel ammoniacal.

2° *Un acide bibasique peut donner deux amides: une amide non-binôme et un acide amidé*. La première correspond au sel ammonique neutre, et renferme les éléments de 2 éq. d'ammoniaque ; l'acide amidé correspond au sel ammonique acide, et contient les éléments de 1 éq. d'ammoniaque ; mais l'acide amidé est toujours monobasique.

Il est important de noter que les *éthers* (88) présentent, avec leurs acides respectifs, les mêmes relations que celles que je viens de signaler entre les alcalamides et les acides. Les éthers dits neutres correspondent aux amides neutres, les acides viniques aux acides amidés. De part et d'autre, même basicité, mêmes équations dans le mode de génération.

On n'a qu'à remplacer dans les équations des

éthers (90) la valeur A par NH^3 ou 2 volumes d'ammoniaque, pour avoir la composition des amides correspondantes.

84. *Nitryles*. — Les amides oxygénées peuvent éliminer les éléments de l'eau, soit par la distillation sèche, soit par l'action de corps très-avides d'eau, et notamment par celle de l'anhydride phosphorique. De là naissent des amides nouvelles qui ont, comme les premières, la propriété de régénérer l'ammoniaque et l'acide primitif, si l'on y fixe de nouveau les éléments de l'eau.

Ainsi, par exemple, l'oxamide $C^2O^2H^4N^2$, soumise à la distillation sèche, élimine, sous forme d'eau, tout l'oxygène et tout l'hydrogène qu'elle renferme, et se convertit en un gaz C^2N^2 connu sous le nom de cyanogène. Dissous dans l'eau, ce gaz régénère, au bout de quelque temps, de l'oxalate d'ammoniaque.

L'étude des amides mérite de fixer l'attention des chimistes d'une manière toute particulière, car elle promet de donner la clef de la formation de ces nombreuses substances azotées, engendrées par la végétation. Elle nous apprendra un jour à faire de l'indigo, de la quinine ou de la morphine, sans extraire ces produits des plantes.

V. Alcools, Aldéhydes, Éthers, Hydrocarbures.

85. Les *alcools* sont des composés de carbone, d'hydrogène et d'oxygène, neutres aux papiers réactifs, capables, dans certaines circonstances, d'abandonner les éléments de l'eau pour se convertir en une combinaison $n CH^2$, et d'échanger H^2 contre O pour devenir un acide unibasique $n CH^2 + O^2$.

L'alcool ordinaire, produit de la fermentation du sucre, est le corps-type de cette classe de combinaisons. Il renferme $C^2H^6O = 2$ volumes de vapeur. L'acide sulfurique lui enlève OH^2, et le convertit en gaz oléfiant; les agents oxygénants le transforment en acide acétique ou vinaigre.

C^2H^6O alcool acétique ou vinique.

$C^2H^6O - OH^2 = C^2H^4$ gaz oléfiant.

$C^2H^6O - H^2 + O = C^2H^4O^2$ acide acétique.

Il existe un autre corps type dérivant des alcools, c'est l'alcool déshydrogéné, ou, par abréviation, *aldéhyde*, résultant d'une oxydation incomplète; celui-ci contient:

$C^2H^6O - H^2 = C^2H^4O$ aldéhyde acétique.

Ce dernier corps constitue un terme intermédiaire entre l'alcool et l'acide.

Les alcools sont très-importants, car ils servent à produire des séries de combinaisons fort nombreuses. Malheureusement le nombre des alcools connus est encore très-restreint, et l'on n'a pas encore trouvé le moyen de convertir les acides en leurs alcools respectifs.

Voici les alcools aujourd'hui connus :

1. Le *méthol*, alcool méthylique ou formique, plus connu sous le nom d'esprit de bois.............. $CH^4O = CH^2 + H^2O$.

2. L'*alcool* ordinaire, alcool vinique ou acétique.............. $C^2H^6O = 2CH^3 + H^2O$.

3. L'*amylol*, alcool amylique ou valérianique, connu sous le nom d'huile de pommes de terre.... $C^5H^{12}O = 5CH^2 + H^2O$.

4. L'*éthal*, alcool éthalique ou cétylique.................. $C^{16}H^{34}O = 16CH^2 + H^2O$.

Ces quatre alcools sont des produits factices, et n'ont pas encore été rencontrés dans la nature. L'alcool formique est un produit de la distillation du bois ; l'alcool ordinaire se forme dans la fermentation du sucre ; l'alcool amylique se rencontre dans les produits de la fermentation du moût de pommes

de terre et de marc de raisin ; enfin, l'alcool éthalique s'obtient avec le blanc de baleine.

86. Le méthol et l'alcool vinique sont des liquides
inflammables, miscibles à l'eau en toute proportion ;
ils dissolvent avec facilité les deux autres alcools.
Ils sont volatils sans décomposition ; la densité de
leur vapeur correspond à deux volumes pour la formule adoptée.

La potasse liquide ne les attaque presque pas ;
mais si on les chauffe avec de la potasse solide, ils
dégagent de l'hydrogène et fournissent les sels potassiques des acides correspondants :

$$C^2H^6O + O(HK) = 2H^2 + C^2H^3O^2(K).$$
Acétate potassique.

La même équation est applicable aux autres alcools. Par double échange avec un acide, les sels
potassiques donnent les acides correspondants ;
c'est-à-dire,

$CH^2 + O^2$	2 volumes d'acide formique,	
$C^2H^4 + O^2$	—	acétique,
$C^5H^{10} + O^2$	—	valérianique,
$C^{16}H^{32} + O^2$	—	éthalique, cétylique ou
		palmitique.

Soumis à l'action de l'acide sulfurique, du chlorure de zinc fondu, ou de l'acide phosphorique vitreux, et d'une température élevée, les alcools perdent les éléments OH^2, et donnent les hydrogènes carbonés suivants :

CH^2 méthylène,
C^2H^4 éthérène ou gaz oléfiant,
C^5H^{10} valérène,
$C^{16}H^{32}$ cétène,

2 volumes de vapeur.

Tous ces composés sont polymères. On remarque aussi que les acides correspondants renferment, sous le même volume, un volume égal d'hydrogène carboné, plus 2 vol. d'oxygène, le tout condensé à 2 volumes. Cela ne dit pas que l'hydrogène carboné préexiste dans ces acides, et puisse directement s'y transformer, en fixant de l'oxygène. Nous n'énonçons ici qu'un simple rapport de composition fort remarquable, qu'on constate dans une foule d'acides organiques.

87. *Aldéhydes*. — Ce nom s'applique, comme nous venons de le dire, à des substances qui tiennent le milieu entre l'alcool et l'acide correspondant, et qui sont capables de se transformer directement en acides, par la fixation pure et simple de O.

Toutefois, la dénomination d'aldéhydes a été appliquée, par extension, à toutes les substances, neutres aux papiers, et susceptibles de s'acidifier par la fixation de l'oxygène. Plusieurs semblables aldéhydes se rencontrent dans les végétaux comme huiles essentielles, telles sont les essences de cumin, de cannelle, d'ulmaire, etc. L'essence d'amandes amères constitue aussi un aldéhyde.

Aldéhydes.		Acides unibasiques.	
C^7H^6O essence d'am. amères.	C^7H^6O+O	acide benzoïq.
$C^7H^6O^2$ essence d'ulmaire....	$C^7H^6O^2+O$	— salicyliq.
C^9H^8O essence de cannelle...	C^9H^8O+O	— cinnam.
$C^{10}H^{12}O$ essence de cumin....	$C^{10}H^{12}O+O$	— cuminiq.

Au moyen des agents oxygénants, on peut opérer la transformation de ces aldéhydes en leurs acides respectifs.

Les aldéhydes se comportent, dans quelques circonstances, comme des corps binômes, et sont capables d'échanger H (par rapport aux formules précédentes) pour du métal; mais ils n'ont aucune réaction acide sur les papiers, et sont aisément déplacés par tous les acides proprement dits.

88. *Éthers.* — Les acides, ainsi que certains chlorures, bromures, etc., métalliques, ont la propriété de produire, avec les alcools, des substances parti-

culières, neutres et volatiles, qui ont été appelées *Éthers*.

Ces corps ont été, à tort, assimilés aux sels ammoniacaux, et par conséquent aux sels en général ; on y a supposé, en effet, des groupes jouant le rôle de métaux, tels que l'éthyle, le méthyle, l'amyle, etc. Mais les éthers ressemblent plutôt aux amides et aux anilides, et ils manquent de la propriété fondamentale qui distingue les combinaisons salines ; ils ne possèdent pas la faculté du double échange comme les alcalisels.

Un commençant qui entend parler, par exemple, du chlorure d'éthyle, du sulfate de méthyle, croira nécessairement qu'il s'agit de composés semblables au chlorure ammonique, au sulfate potassique, ou à un sel quelconque ; il s'imaginera que le chlorure de méthyle se précipite par le nitrate d'argent, pour former du chlorure d'argent et du nitrate de méthyle ; que le sulfate de méthyle précipite les sels de baryum, comme le font tous les sulfates solubles. Quelles raisons lui donner alors de ce que ces chlorures et ces sulfates ne présentent pas les caractères des autres chlorures ou sulfates renfermant des bases complexes, comme c'est le cas des sels d'ammoniaque, de quinine, d'aniline, de morphine, etc.?

89. Nous ne considérons donc pas les éthers comme des sels, mais comme une classe à part de corps *susceptibles de se convertir en sels et en un alcool par la fixation des éléments de l'eau.* Cette métamorphose s'effectue ordinairement sous l'influence des alcalis.

D'après cela, chaque alcool a ses éthers, qui sont aussi variés que les acides ; et, comme on connaît aujourd'hui quatre alcools, on a par conséquent :

Les éthers de l'esprit de bois , ou *éthers méthyliques;*

Les éthers de l'alcool ordinaire , ou *éthers viniques;*

Les éthers de l'huile de pomme de terre , ou *éthers amyliques;*

Les éthers de l'éthal , ou *éthers cétyliques.*

Les éthers constituent généralement des liquides, neutres aux papiers réactifs , volatils sans décomposition, et doués d'odeur, comme les huiles essentielles végétales. Il en est même parmi ces dernières qui constituent de véritables éthers : ainsi, l'essence connue dans la parfumerie sous le nom d'*huile de Wintergreen* et qui est fournie par les fleurs d'une bruyère, le *Gaultheria procumbens,* n'est autre

chose que l'éther méthylique de l'acide salicylique (a).
Il existe aussi un petit nombre d'éthers gazeux,
ainsi que quelques éthers solides. Lorsque les acides
dont les éthers renferment les éléments, ne résistent
pas à l'action de la chaleur sans se décomposer, il
arrive quelquefois que les éthers ne soient eux-
mêmes pas volatils sans décomposition.

90. La composition des éthers est soumise à une
loi fort simple ; elle dépend de la basicité des acides
qui leur ont donné naissance.

Pour fixer les idées, représentons la formule des
éthers par 2 volumes de vapeur ; exprimons de
même la formule des alcools. Soit A 2 volumes
d'un alcool, E_1, E_2 et E_3 2 volumes d'un éther résultant d'un acide a_1 monobasique (contenant H
basique), d'un acide a_2 bibasique (contenant H^2
basique), ou d'un acide a_3 tribasique (contenant
H^3 basique), on trouve par expérience :

$$E_1 = a_1 + A - OH^2.$$
$$E_2 = a_2 + 2A - 2OH^2.$$
$$E_3 = a_3 + 3A - 3OH^2.$$

Exemples. L'acide hydrochlorique est monobasi-

***

(a) CAHOURS. *Annal. de chim. et de phys*, 3ᵉ série, tom. X, pag. 337.

que et renferme Cl(H) ; quel sera son éther vinique ?

$$E_1 = ClH + C^2H^6O - OH^3$$
$$= C^2H^5Cl = 2 \text{ vol. de l'éther vinique de l'acide}$$
hydrochlorique.

L'acide sulfurique est bibasique $SO^4(H^2)$; quel sera son éther méthylique ?

$$E_2 = SO^4H^2 + 2CH^4O - 2OH^3$$
$$= C^2H^6SO^4 = 2 \text{ vol. de l'éther méthyl. de l'acide}$$
sulfurique.

L'acide citrique est tribasique $C^6H^5O^7(H^3)$; quel sera son éther vinique ?

$$E_3 = C^6H^8O^7 + 3C^2H^6O - 3OH^3$$
$$= C^{12}H^{20}O^7 = 2 \text{ vol. d'éther vinique de l'ac. citr.}$$

On remarque, d'après cela, que les éthers sont *unialcooliques*, *bialcooliques* ou *trialcooliques*, c'est-à-dire que, sous le même volume, ils renferment les éléments de 1, 2, 3 équivalents d'alcool, suivant qu'ils appartiennent à un acide unibasique, bibasique ou tribasique.

91. L'action des alcalis sur les éthers permet de vérifier cette loi. La potasse aqueuse et étendue ne les attaque presque pas ; mais une solution bouillante les décompose promptement en alcool et en sel potassique. Voici quelles sont, en effet, les réactions

des trois éthers dont nous venons de développer la composition :

$$\text{Éther vinique de l'acide hydrochlorique :}$$
$$C^2H^3Cl + O(HK) = C^2H^6O + Cl(K).$$

$$\text{Éther méthylique de l'acide sulfurique :}$$
$$C^2H^6SO^4 + 2O(HK) = 2CH^4O + SO^4(K^2).$$

$$\text{Éther vinique de l'acide citrique :}$$
$$C^{12}H^{20}O^7 + 3O(HK) = 3C^2H^6O + C^8H^5O^7(K^3).$$

92. Tous les acides, minéraux et organiques, mis en présence d'un alcool, dans les circonstances convenables, peuvent donner des éthers.

Lorsque les acides sont solides ou liquides et assez énergiques, il suffit, pour les éthérifier, de les chauffer avec l'alcool dans un appareil distillatoire, ou de les maintenir à une haute température, pendant qu'on y fait tomber l'alcool goutte à goutte. Les acides carbonés ou organiques sont ordinairement trop faibles pour cette réaction ; mais ils s'éthérifient aisément si l'on distille un sel métallique, appartenant au même genre, avec un mélange d'alcool et d'acide sulfurique ; ou bien si l'on fait passer un courant de gaz hydrochlorique dans l'acide organique dissous dans l'alcool ; il s'effectue alors deux réactions successives, dont la dernière fournit l'éther voulu.

93. *Éthers acides ; acides viniques.* — La décomposition et les réactions des éthers démontrent que ces corps renferment toujours les éléments d'un acide, plus ceux d'un alcool moins les éléments de l'eau ; et comme les éthers ont pour propriété fondamentale de reproduire les corps régénérateurs, si l'on y fixe de nouveau les éléments éliminés, cela établit une analogie parfaite entre les éthers et les alcalamides (83). La ressemblance se poursuit même jusque dans la formation des éthers acides.

En effet, les acides bibasiques et les acides tribasiques, en agissant sur les alcools, sont capables de produire, outre les éthers neutres dont nous venons de parler, des éthers acides, connus sous le nom d'*acides viniques*. Les acides monobasiques ne donnent que des éthers neutres.

Si nous nous servons de la notation précédente (89), voici quelle sera la loi de composition des acides viniques, V_2 exprimant un acide vinique correspondant à un acide bibasique, et V_3 représentant un acide vinique correspondant à un acide tribasique :

$$V_1 = a_1 + A - OH^2$$
$$V_2 = a_2 + A - OH^2.$$

Mais l'acide vinique d'un acide bibasique n'est plus que monobasique, et l'acide vinique d'un acide tribasique n'est plus que bibasique, comme dans le cas des acides amidés, et d'après la loi des sels copulés (59).

Exemples. L'acide sulfurique est bibasique $SO^4(H^2)$; quel sera son acide vinique pour l'esprit de bois ?

$$V_1 = SO^4H^2 + CH^4O - OH^2$$
$$= CH^4SO^4 \text{ acide sulfométhylique.}$$

Dans CH^4SO^4, il n'y a plus qu'un seul H basique :

Sulfométhylates $CH^3SO^4(M)$...... Sulfates $SO^4(M^2)$.

L'acide phosphorique est tribasique $PO^4(H^3)$; quel sera son acide vinique pour l'alcool ordinaire ?

$$V_3 = PO^4H^3 + C^2H^6O - OH^2$$
$$= C^2H^7PO^4 \text{ acide phosphovinique.}$$

Dans $C^2H^7PO^4$, il n'y a plus que H^2 bibasique :

Phosphovinates $C^2H^5PO^4(H^2)$.... Phosphates $PO^4(M^3)$.

L'acide oxalique est bibasique $C^2O^4(H^2)$; quel sera son acide vinique pour l'huile de pommes de terre ?

$$V_1 = C^2O^4H^2 + C^5H^{12}O - OH^2$$
$$= C^7H^{12}O^4 \text{ acide oxalamylique.}$$

Dans $C^7H^{12}O^4$, il n'y a plus que H basique :

Oxalamylates $C^7H^{11}O^4(M)$ . . . . Oxalates $C^2O^4(M^2)$.

Les acides viniques sont très-solubles dans l'eau, rougissent le tournesol, et font effervescence avec les carbonates. Ils présentent tous les phénomènes du double échange avec les autres sels métalliques. Ils se décomposent pour la plupart à la distillation sèche, en donnant des produits variables. Les sels métalliques qu'ils fournissent par la double décomposition, sont généralement fort solubles dans l'eau.

Soumis à l'action d'acides forts (acide sulfurique), ou de la potasse très-concentrée, ils régénèrent, comme les éthers neutres, l'alcool et l'acide qui leur ont donné naissance. Ainsi, les sulfométhylates donnent de l'acide sulfurique et de l'alcool méthylique ; les phosphovinates, de l'acide phosphorique et de l'alcool vinique ; les oxalamylates, de l'acide oxalique et de l'alcool amylique.

93 a. Si chaque genre salin bibasique a ses éthers correspondants, un éther neutre et un éther acide, pour chaque alcool, il est évident que les genres

oxyde $O(M^2)$, sulfure $S(M^2)$, persulfure $S^2(M^2)$ qui, d'après notre définition (42), constituent aussi des sels, doivent pouvoir donner des composés semblables ; en d'autres termes, que l'eau, le sulfure d'hydrogène, le persulfure d'hydrogène doivent avoir leurs éthers correspondants.

En appliquant les formules précédentes (89 et 93), on trouve, en effet, pour l'eau :

Éther neutre E_2,

$$E_2 = OH^2 + 2C^2H^6O - 2OH^2$$
$$= C^4H^{10}O, \ 2 \text{ vol. de l'éther hydrique.}$$

Éther acide V_2,

$$V_2 = OH^2 + C^2H^6O - OH^2$$
$$= C^2H^6O, \ 2 \text{ vol. de l'acide hydrovinique}$$

Or, l'éther hydrique (a) est connu sous le nom impropre d'*éther sulfurique*. L'acide hydrovinique est l'alcool lui-même ; celui-ci, en effet, est un acide tout aussi faible que l'eau ; il peut d'ailleurs échanger H pour K, Na, quand on le met à l'état absolu, en

---

(a) L'éther hydrique n'est, il est vrai, pas attaqué par la potasse, à laquelle il ne se mélange pas. Mais l'acide sulfurique concentré le dissout, comme l'alcool, et le convertit en acide sulfovinique (*Comptes-rendus des travaux de chimie*, 1845, pag. 474), lequel régénère aisément l'alcool, par l'ébullition de sa solution aqueuse.

contact avec du potassium. Celui-ci dégage alors de l'hydrogène, et produit une combinaison $C^2H^5O(K)$ qui peut s'obtenir en gros cristaux transparents.

L'analogie est encore plus frappante avec les éthers correspondant au sulfure d'hydrogène $S(H^2)$. On a, dans ce cas :

Éther neutre E_2,

$$E_2 = SH^2 + 2C^2H^6O - 2OH^2$$
$$= C^4H^{10}S, \ 2 \text{ vol. de l'éther sulfhydrique } (a)$$
$$\text{pour l'alcool ordinaire.}$$

Éther acide V_2,

$$V_2 = SH^2 + C^2H^6O - OH^2$$
$$= C^2H^6S, \ 2 \text{ vol. de l'acide sulfhydrovinique pour}$$
$$\text{l'alcool ordinaire.}$$

Ces deux éthers ont également été obtenus ; le premier est non-binôme ; mais le second, plus connu sous le nom de *mercaptan*, se comporte comme un véritable binôme, en précipitant les solutions métalliques, comme le sulfure d'hydrogène, seulement les précipités sont différents, et l'on a :

$$\text{Sulfhydrovinates}$$
$$\text{ou mercaptides } C^2H^5S(M) \ldots \text{ sulfures } S(M^2).$$

94. Voici un tableau synoptique résumant la

---

composition des principaux éthers viniques, neutres et acides; il est facile d'y substituer la composition de tout autre éther, en appliquant les règles
que nous venons d'exposer.

Ae représente ici C^2H^4; l'hydrogène basique est
mis en parenthèse.

		Genres salins correspondants.
$Ae,OH(H)$	alcool ou acide hydrovini- que......................	$O(M^2.$
Ae^2,OH^2	éther hydrique..........	
$Ae,SH(H)$	alcool sulfuré ou acide sulf- hydrovinique..........	$S(M^2).$
Ae^2,SH^2	éther sulfhydrique.......	
Ae^2,S^2H^2	— persulfhydrique.....	$S^2(M^2).$
Ae,ClH	— chlorhydrique......	$Cl(M).$
Ae,BrH	— bromhydrique......	$Br(M).$
Ae,NO^3H	— nitrique...........	$NO^3(M).$
Ae,NO^2H	— nitreux	$NO^2(M).$
$Ae,C^2H^4O^2$	— acétique...........	$C^2H^3O^3(M).$
$Ae^2,C^2H^2O^4$	— oxalique...........	$C^2O^4(M^2).$
$Ae,C^2O^4H(H)$	acide oxalovinique.......	
Ae^2,CO^3H^2	éther carbovinique.......	$CO^3(M^2).$
$Ae,CO^3H(H)$	acide carbovinique.......	
Ae^2,CS^3H^2	éther sulfocarbonique.....	$CS^3(M^2)$
$Ae,CS^3H(H)$	acide sulfocarbovinique...	
$Ae,PO^4H(H^2)$	acide phosphovinique....	$PO^4(M^3).$

95. *Hydrocarbures*. — Sous l'influence d'une température fort élevée et sous celle d'autres agents,

certains éthers donnent des produits dont la nature varie suivant les corps réagissants, suivant le degré de chaleur, et suivant les proportions du mélange. Parmi ces produits, on remarque surtout des hydrogènes carbonés liquides ou gazeux, comme, par exemple, le gaz oléfiant et l'huile particulière connue sous le nom d'*huile de vin*. Au reste, comme nous l'avons déjà dit (86), chaque alcool a son hydrocarbure correspondant, qui n'en diffère que par les éléments de l'eau.

Lorsqu'on soumet un semblable hydrocarbure à l'action du chlore ou du brôme, il fixe Cl^2 ou Br^2, et se convertit en un corps non-binôme, qui a la propriété de se dédoubler, sous l'influence d'une solution alcoolique de potasse, en chlorure et en un corps chloré ou bromé, appartenant au même système moléculaire que l'hydrocarbure primitif, et où Cl et Br remplacent H (37).

Exemple. Le gaz oléfiant C^2H^4 donne :

$$C^2H^4,Cl^2,\text{ par le chlore (liqueur des Hollandais)},$$
$$C^2H^4,Br^2,\text{ par le brôme},$$

lesquels se dédoublent en

$$C^2H^3Cl + ClH$$
$$C^2H^3Br + BrH.$$

Les produits formés par la fixation pure et simple

19

d'un élément halogène sur une substance hydrocarbonée, portent le nom d'*hyperhalides*.

95 *a*. Outre les hydrocarbures correspondant aux alcools, la chimie organique compte un grand nombre d'autres combinaisons hydrocarbonées. Il s'en trouve plusieurs dans la végétation ; la plupart des huiles essentielles en renferment ; la distillation sèche des matières organiques non-azotées, soit seules, soit avec de la chaux, de la baryte caustique, du chlorure de zinc ou de l'anhydride phosphorique, en fournit également un grand nombre (*a*).

Nous ne nous y arrêterons pas. Il importe toutefois de signaler une métamorphose que beaucoup d'hydrocarbures sont susceptibles d'éprouver, et qu'on a mise à profit dans ces derniers temps, pour produire des alcaloïdes semblables à ceux qui se trouvent naturellement formés dans certains végétaux.

Lorsqu'on traite par l'acide nitrique concentré le benzène C^6H^6, hydrogène carboné qu'on obtient avec l'acide benzoïque, il s'effectue une élimination d'eau

---

(*a*) Voir la liste complète des hydrogènes carbonés, dans mon *Précis de Chimie organique*, tom. I, pag. 166.

aux dépens de l'hydrogène du benzène et de l'oxygène de l'acide nitrique, tandis que le résidu des éléments de l'acide nitrique se substitue (41) à l'hydrogène éliminé.

$$C^6H^6 + NO^3H = C^6H^5NO^2 + OH^2.$$

Benzène nitré.

Si l'on écrit $NO^2 = X$, on a :

$$C^6H^6 \quad \text{benzène normal,}$$
$$C^6H^5X \quad — \quad \text{nitré.}$$

Or, le benzène nitré (appelé aussi *nitrobenzide*) est attaqué par l'hydrogène sulfuré; il se produit de l'eau, un dépôt de soufre, et un alcaloïde qui possède tous les caractères de l'aniline C^6H^7N (79).

$$C^6H^5NO^2 + 3SH^2 = 2OH^2 + 3S + C^6H^7N.$$

Cette métamorphose curieuse a été découverte par M. Zinin de Casan.

Il est à noter que, dans la nomenclature adoptée en France, les noms de la plupart des hydrocarbures se terminent en *ène*.

VI. Glycérides.

96. La plupart des graisses végétales et animales, le beurre, le suif, la graisse d'homme, l'huile d'olives, etc., sont des mélanges de substances carbonées particulières, que je désigne sous le nom de *glycérides*, et dont les fonctions chimiques ont beaucoup d'analogie avec celles des éthers et des amides. Comme ces corps, les glycérides ont la propriété de se dédoubler, en fixant les éléments de l'eau en deux corps : un acide carboné, et une substance carbonée $C^3H^8O^3$, neutre aux papiers, non-volatile, soluble dans l'eau, et connue sous le nom de *glycérine* ou de *principe doux des huiles*. Cette métamorphorse, autrement appelée *saponification*, s'accomplit sous l'influence de l'eau et des alcalis, ainsi que de quelques autres espèces du genre oxyde.

Toutes les matières grasses ne sont pas des glycérides. Il existe une foule de substances grasses au toucher comme eux, mais offrant de tout autres caractères chimiques. Ainsi, il y a des acides gras, des aldéhydes gras, des éthers gras, etc.; c'est que le mot *gras*, n'exprime pas une fonction chimique, comme, par exemple, le mode *acide*. Ce qu'on peut affirmer de plus général, c'est que les substances grasses au toucher renferment une forte proportion de carbone et d'hydrogène, et, si elles sont acides, que leur équivalent est fort élevé. Une autre circonstance fort remarquable dans la composition de ces matières, c'est que le rapport de C à H s'y maintient sensiblement comme 1 : 2. Beaucoup d'acides gras présentent également ce rapport.

97. Les éthers donnent, par les alcalis, un alcool et un sel à métal alcalin ; les amides, de l'ammoniaque et le même sel ; les glycérides, de la glycérine et le même sel. L'alcool, l'ammoniaque et la glycérine jouent donc, jusqu'à un certain point, un rôle semblable. Le sel produit par les glycérides porte le nom de *savon* ; il donne, par double décomposition, l'acide gras correspondant.

La composition exacte de la plupart des glycérides (margarine, stéarine, oléine, etc.) est mal connue ; elle est probablement soumise à une loi semblable à celle qui régit les éthers et les amides ; dans tous les cas, on doit avoir, G étant le glycéride et *a* l'acide :

$$G = C^3 H^8 O^5 + a - nOH^2.$$

98. Les glycérides sont incolores, insolubles

19.

dans l'eau, solubles, au contraire, dans l'alcool, et mieux encore dans l'éther. Ceux qui sont solides, cristallisent dans ces derniers véhicules. Les glycérides liquides sont ordinairement odorants et fournissent, par la saponification, des acides gras liquides ayant la même odeur.

Ils n'ont aucune action sur les papiers réactifs. Lorsqu'on les chauffe au contact de l'air, ils s'altèrent peu à peu, surtout si on les fait bouillir; en se décomposant ainsi, ils dégagent une substance fort volatile, l'*acroléine*, espèce d'aldéhyde, dont la vapeur âcre incommode beaucoup les yeux et la respiration. Cette acroléine renferme :

$$C^3H^4O,$$

et résulte de la glycérine :

$$C^3H^8O^3 - 2H^2O = C^3H^4O.$$

Les corps gras qui ne sont pas des glycérides, ne donnent naturellement pas d'acroléine par l'action de la chaleur.

Les glycérides se rencontrent rarement dans la nature à l'état de pureté. Les graisses et les huiles grasses sont ordinairement des mélanges de deux glycérides. Les huiles grasses contiennent en forte dose un glycéride liquide, l'oléine, qui donne par la saponification, l'acide oléique $C^{18}H^{34}O^2$; mais, quand on les refroidit fortement, elles prennent une consistance onctueuse, et fournissent un dépôt cristallin de margarine, de stéarine ou d'un autre glycéride concret, que l'oléine maintient en dissolution à la température ordinaire. La margarine donne un acide gras solide, l'acide margarique $C^{17}H^{34}O^2$; la stéarine produit aussi un acide solide, l'acide stéarique $C^{19}H^{38}O^2$. Les graisses solides ne sont elles-mêmes jamais exemptes d'oléine, et il est même assez difficile de les en purifier complétement à l'aide de la presse.

La chaleur fait fondre les glycérides concrets. Ordinairement, leur point de fusion est moins élevé que celui de l'acide gras correspondant.

99. L'action que l'air exerce sur les huiles grasses, les a fait diviser en *huiles siccatives* et en *huiles non-siccatives*. Les premières ont la propriété d'attirer promptement l'oxygène, et de produire ainsi des substances résinoïdes ou poisseuses qui, répandues en couches minces, possèdent de la transparence ; ces huiles servent particulièrement dans la préparation des vernis. Lorsqu'elles offrent à

l'oxygène une grande surface, dans le cas, par exemple, où elles imprègnent des matières poreuses et combustibles, comme du papier ou du coton, elles absorbent l'oxygène avec tant d'activité, qu'il en résulte souvent assez de chaleur pour enflammer ces matières.

Les graisses animales et les huiles non-siccatives, parmi lesquelles on compte le plus grand nombre des huiles grasses végétales, ne se dessèchent pas à l'air, mais elles éprouvent un autre ordre de décomposition : elles *rancissent*.

Les glycérides se conservent fort bien à l'état de pureté ; mais, lorsqu'ils sont souillés de tissu cellulaire ou de matière parenchymateuse provenant des parties animales ou végétales d'où on les extrait, ils deviennent peu à peu acides au contact de l'air, en prenant une odeur et une saveur fort désagréables. Ce rancissement s'établit dans les glycérides par suite de la putréfaction des débris organisés qui, en véritables ferments (a), communiquent leur ébranlement moléculaire aux matières grasses avec lesquelles ils sont en contact. En effet, les huiles grasses ran-

---

(a) Voir plus bas, SÉRIE DU CARBONE.

cissent d'autant plus promptement qu'elles contiennent plus de matières étrangères.

Cette différence de manière d'être entre les huiles siccatives et les huiles non-siccatives, est due aux propriétés différentes du glycéride liquide qu'elles renferment : l'oléine de l'huile d'olives est un tout autre corps que l'oléine de l'huile de lin ou d'œillet ; les acides qu'on en extrait par la saponification, sont aussi fort différents.

L'oléine des huiles non-siccatives se distingue surtout en ce qu'elle est capable, au contact des vapeurs nitreuses, de se convertir en un glycéride concret, l'élaïdine, donnant par la saponification un acide également solide, l'acide élaïdique $C^{18}H^{34}O^{2}$, isomère de l'acide oléique. Cette propriété est quelquefois mise à profit pour la découverte, dans les huiles grasses, de la présence de celles qui ne renferment pas une oléine identique à l'oléine de l'huile d'olives.

Non-seulement les alcalis, la potasse, la soude, opèrent la saponification des glycérides ; mais d'autres oxydes, comme, par exemple, la litharge, produisent le même effet, avec le concours de l'eau.

VI. Fonctions incertaines.

100. Nous sommes loin d'avoir, dans les chapitres précédents, épuisé toute la liste des fonctions chimiques. Il y a des corps qui ne sont ni des sels, ni des alcools, ni des aldéhydes, etc., et dont les caractères sont néanmoins bien déterminés. On les appelle ordinairement *substances indifférentes*, mais ce nom n'a pas de sens. Tout corps remplit un certain rôle à l'égard d'autres mis en contact avec lui. Il est vrai que l'oxyde de carbone CO et l'oxyde d'azote NO, par exemple, ne sont pas des oxydes salins, comme l'oxyde de plomb, la potasse, la chaux; ils ne présentent pas, comme eux, le phénomène du double échange; mais l'oxyde d'azote et l'oxyde de carbone remplissent d'autres fonctions que la science n'a pas encore su préciser.

Les dénominations d'*huiles essentielles*, de *matières colorantes*, de *corps gras*, par lesquelles on désigne quelquefois certains groupes de substances carbonées, n'ont pas non plus un sens précis. Elles ne font que rappeler des caractères physiques, tels que la volatilité, la couleur, l'action sur le toucher, n'ayant aucun rapport direct avec les fonctions chimiques des corps auxquels ils appartiennent.

SÉRIES CHIMIQUES.

101. Pour que l'étude de la chimie soit vraiment fructueuse, et n'ait pas seulement pour résultat de fixer dans l'esprit un certain nombre de faits plus ou moins curieux, il faut, dans l'examen des combinaisons chimiques, procéder par *séries* naturelles, c'est-à-dire, les rattacher entre elles d'après leur mode de génération. De cette manière, on saisit les lois des métamorphoses, et l'on découvre plus aisément les relations que peuvent avoir des corps en apparence fort éloignés entre eux.

Il n'y a pas de règle absolue pour la construction de ces séries. Cependant, comme il importe qu'elles expriment le plus de faits, et fassent ressortir le plus d'analogies, on peut se baser sur les considérations suivantes : Deux corps, susceptibles de se métamorphoser l'un dans l'autre, ont au moins un élément commun ; un troisième corps, s'il peut donner les deux premiers, renfermera aussi ce dernier élément ; un quatrième, s'il peut donner les trois corps précédents, contiendra encore le même élément, et ainsi de suite. Voilà donc une série de composés formés *par un même élément*. Si c'était, par exemple, du soufre, on aurait la série suivante :

$$SH^2$$
$$SO^2,$$
$$SO^3,$$
$$SCl^2, \text{ etc.}$$

Mais il peut arriver, dans une série, que deux ou plusieurs éléments soient communs, comme dans les corps suivants :

$$C^2H^6O \quad \text{alcool acétique},$$
$$C^2H^4O \quad \text{aldéhyde acétique},$$
$$C^2H^4O^2 \quad \text{acide acétique, etc.}$$

Voilà trois corps composés des mêmes éléments, mais dans des proportions différentes. Faut-il les placer dans la série du carbone, ou dans celle de l'hydrogène, ou dans celle de l'oxygène ?

Pour répondre à cette question, il faut savoir apprécier la *subordination des éléments* dans les composés chimiques. Nous avons vu, au paragraphe des substitutions (36), qu'il est des corps susceptibles de se remplacer, sans altérer la constitution moléculaire. Dans un sulfate, par exemple, on peut remplacer le métal par tout autre métal, sans que le système moléculaire cesse de présenter les caractères génériques des sulfates. De même, dans certains corps hydrogénés, où l'hydrogène ne remplit pas les fonctions d'un métal, cet hydrogène peut être remplacé par du chlore, du brôme, de l'iode, etc. Dans plusieurs corps oxygénés, et particulièrement dans les anhydrides, l'oxygène peut être remplacé par du soufre, du chlore, du brôme, etc.

Il est clair que les éléments susceptibles de se remplacer ainsi, devront être subordonnés, dans la classification par séries, aux éléments dont l'expulsion partielle ou totale entraînerait la métamorphose complète de tout le système moléculaire. Dans l'exemple précédent, on placera donc l'alcool, l'aldéhyde et l'acide acétique dans la série du carbone, parce que l'hydrogène et l'oxygène de ces composés sont dans le cas d'éprouver des substitutions.

En adoptant le principe de la subordination des éléments, on simplifie beaucoup les séries chimiques, et l'on en réduit considérablement le nombre ; il exclut, en effet, comme chefs de série, la plupart des métaux qui ne communiquent aux sels que des caractères d'espèce (44) et non de genre.

Une *série chimique*, telle que nous la concevons, se compose donc d'un nombre indéterminé de *genres* ou systèmes moléculaires, renfermant un élément commun, et pouvant se métamorphoser les uns dans les autres.

Les *espèces* d'un même genre se distinguent par les éléments susceptibles de substitution (37). Les espèces peuvent donc être métalliques, hydriques, potassiques, plombiques, ou chlorées, bromées, nitrées (41), ou oxygénées, sulfurées, séléniées, chlorées, bromées, etc., suivant les fonctions qu'elles remplissent.

Pour définir avec plus de précision les fonctions chimiques des genres, nous les rapporterons à une *espèce normale*, c'est-à-dire, à une espèce qui présente ces fonctions de la manière la plus tranchée. Dans les quatres groupes cités plus haut (40), les espèces normales seront : l'espèce hydrique pour le premier et le second groupe, l'espèce azotée pour le troisième, et l'espèce oxygénée pour le quatrième.

Voici les séries que nous avons adoptées dans cet ouvrage :

Série de l'oxygène, comprenant les oxydes, peroxydes et sous-oxydes.

— du soufre, — les sulfures, sulfates, sulfites, hyposulfates, etc.

— de l'azote, — les azotures, nitrates, nitrites, etc.

— du phosphore, — les phosphures, phosphites, phosphates, sulfophosphates, etc.

— de l'arsenic, — les arséniures, arsénites, arséniat., sulfarséniat., etc.

— du chrome, — les chromates, chlorochromates, etc.

— du manganèse, — les manganates et permanganates.

— du fluor, — les fluorures.

— du chlore, — les chlorures, chlorites, chlorates, perchlorates, etc.

— du brôme, — les bromures, bromat., etc.

— de l'iode, — les iodures, iodates, periodates, etc.

— du carbone, — les carbonates et toute la chimie organique.

— du bore, — les borates, fluoborates, etc.

— du silicium, — les silicates, fluosilicates, etc.

— de l'étain, — les stannates, etc.

Série de l'Oxygène.

102. Elle comprend trois genres binômes, dans lesquels le non-métal est représenté par de l'oxygène :

$O(M^2)$ oxydes............Berz. (a) MO, M^2O^3, M^2O.

$O^2(M^2)$ peroxydes ou suroxydes.. MO^2.

$O_{\frac{1}{2}}(M^2)$ sous-oxydes............ M^2O.

L'inspection des formules précédentes fait comprendre le passage de ces genres l'un dans l'autre : une espèce du genre oxyde pourra évidemment se transformer en une espèce du genre peroxyde par une fixation d'oxygène pure et simple, et réci-

---

(a) Formules de M. Berzélius, dans le système dualistique. — Au lieu d'écrire, par exemple, les deux oxydes de fer par deux formules différentes, nous les représentons par

$$O(Fe^2) \quad \text{oxyde de ferrosum,}$$
$$O(Fe_5^2) \quad \text{oxyde de ferricum.}$$

Il en est de même, de tous les autres oxydes salifiables.

La même uniformité de notation est adoptée pour les chlorures, sulfures, etc., correspondant à ces oxydes. (Voyez plus haut, 39.)

20.

proquement un peroxyde pourra , par une désoxydation partielle , passer à l'état d'oxyde.

103. *Oxydes*. — Je range dans un seul genre tous les corps que la théorie dualistique désigne sous le nom de *bases* ou d'*oxydes salifiables*. Toutes les espèces faisant partie de ce genre ont la propriété de se dissoudre dans les acides, de manière à produire de l'eau et un sel métallique, appartenant au même genre que l'acide employé.

Ainsi , l'oxyde plombique et l'acide sulfurique (sulfate hydrique) donnent de l'eau et du sulfate plombique ; l'oxyde plombique et l'acide sulfhydrique (sulfure hydrique) produisent de l'eau et du sulfure plombique ; l'oxyde plombique et l'acide chlorhydrique (chlorure hydrique) se décomposent en eau et en chlorure plombique.

Le mode oxyde a donc ici un sens spécial , et ne s'applique pas à toutes les combinaisons de l'oxygène indistinctement. Quand les combinaisons oxygénées se combinent directement avec l'eau pour former des acides, elles sont considérées comme appartenant à autant de genres distincts. Ainsi, tous les *acides anhydres* de l'ancienne théorie (nos anhydrides) figurent dans notre classification comme les espèces normales d'un genre particulier, dont le nom se termine en *ide* (65).

L'eau est l'espèce hydrique du genre oxyde.

Les oxydes métalliques solubles dans l'eau sont en petit nombre ; ce sont ceux de K, Na, Ba, Ca, Sr et Mg. Leur solution ramène au bleu le tournesol rougi, brunit le curcuma, et verdit le sirop de violettes. Ils sont connus sous le nom d'*alcalis*, et les quatre derniers sous celui de *terres alcalines*.

La formation des oxydes a lieu dans les circonstances les plus variées. En première ligne, il faut placer la calcination des métaux à l'air ou dans le gaz oxygène ; puis la calcination de certains autres sels métalliques, particulièrement des nitrates et des carbonates, et enfin la double décomposition à l'aide d'un alcali. La décomposition de l'eau par certains métaux donne aussi des oxydes ; cependant, on en fait rarement usage comme procédé de préparation.

104. *Peroxydes.* — Il existe des combinaisons oxygénées capables de se dissoudre dans l'acide sulfurique concentré, avec dégagement de gaz oxygène : elles renferment les éléments contenus dans les oxydes du genre précédent, plus une certaine quan-

tité d'oxygène. Nous leur donnons le nom de *per-oxydes*. M. Dumas les appelle *oxydes singuliers* :

$$OM^2 + O = O^2M^2.$$

Plusieurs d'entre eux (Ba, Co, Pb) se produisent par la calcination directe des oxydes correspondants.

L'action de l'acide sulfurique sur les peroxydes semble indiquer que ce ne sont pas des corps binômes. En effet, d'après la double décomposition, on devrait avoir :

$$SO^3(H^2) \qquad SO^4(M^2),$$
$$O^2(M^2) \qquad O^2(H^2),$$

tandis qu'on obtient :

$$SO^4(M^2).$$
$$O(H^2).$$
$$O.$$

Un autre caractère semble aussi exclure les peroxydes de la classe des binômes : ils se dissolvent dans l'acide hydrochlorique cencentré, en donnant du chlorure, de l'eau et du chlore gazeux :

$$2Cl^2(H^2) \qquad Cl^2(M^2).$$
$$O^2(M^2) \qquad Cl^2.$$
$$2O(H^2).$$

Cependant, ce manque de symétrie dans la décomposition ne tient qu'au peu de stabilité de certains peroxydes. L'action de l'acide hydrochlorique concentré se compose, en effet, de deux actions successives, dont la première est un véritable double échange, et la seconde, une réaction secondaire entre les premiers produits. Aussi, en se plaçant dans les circonstances convenables, peut-on réaliser, avec les peroxydes, des doubles décompositions comme avec les autres binômes. Ainsi, en traitant de l'oxyde barytique par du chlorure hydrique ou acide chlorhydrique, on obtient de l'oxyde hydrique (eau) et du chlorure barytique; de même, le peroxyde barytique donne, par le même acide, du peroxyde hydrique (eau oxygénée de M. Thénard) et du chlorure barytique.

L'analogie devient évidente par le parallèle suivant:

$$O(Ba^2) \mid O(H^2). \qquad O^2(Ba^2) \mid O^2(H^2).$$
$$Cl^2(H^2) \mid Cl^2(Ba^2). \qquad Cl^2(H^2) \mid Cl^2(Ba^2).$$

Il existe aussi des *sous-peroxydes*, c'est-à-dire des sels doubles (55), formés par un oxyde et un peroxyde. Le minium est un semblable composé.

105. *Sous-oxydes.* — Ils renferment les éléments d'un oxyde, plus du métal, et se dissolvent dans les acides, en abandonnant du métal. Ils sont peu connus.

Série du Soufre.

106. Les genres les plus connus de cette série sont :

$S(M^2)$ sulfures............BERZ. MS, M^2S^3, M^3S.

$S^2(M^2)$ persulfures ou bisulfures.. MS^2.

$S^5(M^2)$ quintisulfures.......... MS^5.

$SO^3(M^2)$ sulfites............... SO^2, MO.

SO^2 anhydr. sulfureux....... SO^2.

$SO^4(M^2)$ sulfates............... SO^3, MO.

SO^3 anhydr. sulfurique....... SO^3.

$S^2O^6(M^2)$ hyposulfates ou dithionates. S^2O^5, MO.

$S^3O^6(M^2)$ trithionates............. S^3O^5, MO.

$S^4O^6(M^2)$ tétrathionates.......... S^4O^5, MO.

$S^5O^8(M^2)$ pentathionates......... S^5O^7, MO.

107. *Sulfures, persulfures, etc.* — Les sulfures offrent des analogies nombreuses avec les oxydes : même mode de formation, mêmes conditions de solubilité, même action sur les papiers réactifs.

Les sulfures solubles dans l'eau sont en petit nombre ; ce sont, outre l'espèce hydrique qui constitue l'acide, les sulfures de K, Na, Am, Ba,

Sr, Ca, Mg, c'est-à-dire les mêmes que les oxydes correspondants. Aussi, ces sulfures sont-ils connus sous le nom de *sulfures alcalins*. Ils ont une saveur âcre et caustique, et présentent une légère odeur d'hydrogène sulfuré.

Au contact des acides, tous les sulfures solubles dégagent du sulfure hydrique, aisé à reconnaître à l'odeur infecte, ainsi qu'à l'action sur les sels de Pb ou de Ag qu'il précipite en noir. Plusieurs sulfures insolubles (Fe, Sb^3) présentent le même caractère.

Les sulfures insolubles se reconnaissent aisément au chalumeau, dans la flamme extérieure ; ils y brûlent avec une flamme bleue, en répandant l'odeur du gaz sulfureux SO^2. L'acide nitrique et l'eau régale les attaquent à chaud ; tantôt le soufre se sépare alors en nature, tantôt il reste en dissolution à l'état de sulfate.

Lorsqu'on chauffe avec du soufre la solution des sulfures alcalins, ils se sulfurent davantage, et l'on obtient des composés qu'on désigne indistinctement sous le nom de *polysulfures*. Traités par un acide, ces polysulfures dégagent du sulfure hydrique et donnent un dépôt de soufre. Dans le cas d'un per-sulfure, on a :

$$S^2(K^2) + 2Cl(H) = 2Cl(K) + S(H^2) + S.$$

Les persulfures insolubles, tels que la pyrite de fer, l'or musif, donnent, par la distillation, un sublimé de soufre, et se convertissent en sulfures.

On connaît aussi des sulfures et des persulfures, dans lesquels le métal est remplacé par un corps halogène : SCl^2 et S^2Cl^2. Ces composés, plus connus sous le nom de *chlorures de soufre*, participent des caractères des chloranhydrides, et produisent, au contact de l'eau, de l'acide chlorhydrique et des acides sulfurés particuliers.

108. *Sulfites ; anhydride sulfureux.* —Lorsque le sulfure hydrique brûle au contact de l'air, il se convertit en acide sulfureux ou sulfite hydrique :

$$S(H^2) + O^3 = SO^3(H^2).$$

Avec cet acide, ou avec l'anhydride sulfureux SO^2, provenant de sa décomposition, on produit tous les autres sulfites. On ne trouve pas de sulfite dans la nature.

Les sulfites solubles ont une saveur styptique ; ils attirent l'oxygène de l'air et se convertissent peu à peu en sulfates. Lorsqu'on ajoute de l'acide sulfurique à la solution d'un sulfite, elle dégage du gaz sulfureux sans se troubler.

L'acide nitrique oxyde aussi les sulfites et les fait passer à l'état de sulfates :

$$SO^3(M^2) + O = SO^4(M^2).$$

Les sulfites se décomposent par la chaleur en donnant du sulfure et du sulfate. Ils se convertissent entièrement en sulfates par la calcination avec du nitre.

La solution du sulfite normal (acide sulfureux) décolore la solution du manganate potassique, et celle du sulfate manganique. Ce caractère peut servir à reconnaître un sulfite ; car il suffit de le mélanger avec de l'acide sulfurique, pour mettre l'acide sulfureux en liberté, et déterminer ensuite la décoloration indiquée.

109. *Sulfates ; anhydride sulfurique.* — Les sulfates sont les sels les plus stables de la série du soufre ; ils se produisent dans presque toutes les réactions un peu énergiques, quand des composés sulfurés sont soumis à des influences oxygénantes.

A l'exception de l'acide sulfhydrique, les acides aqueux ne les décomposent pas à la température ordinaire. Toutefois, les sulfates sont décomposés à la chaleur rouge par les acides phosphorique et borique.

Tous les sulfates sont insolubles dans l'alcool. Plusieurs sont solubles dans l'eau; d'autres y sont insolubles ou peu solubles.

On reconnaît les sulfates solubles en ce qu'ils précipitent par le chlorure barytique, en blanc, insoluble dans les acides nitrique et hydrochlorique. Les sulfates insolubles (Ba, Pb, Sr) sont attaqués, quand on les fait fondre avec du carbonate de K ou Na; ils donnent alors un carbonate, insoluble dans l'eau, et du sulfate soluble de K ou Na, dans lequel le chlorure de Ba produit la réaction indiquée.

Le charbon décompose tous les sulfates avec le concours de la chaleur. Les sulfates des métaux alcalins donnent alors du sulfure qu'on peut en extraire par l'eau; les sulfates, qui se décomposent déjà par l'action seule de la chaleur, donnent, avec le charbon, une réaction plus compliquée. Mais on peut toujours obtenir du sulfure avec ces derniers, quand on les fait fondre avec un mélange de charbon et de carbonate de Na.

110. Quant à l'*anhydride sulfurique* SO^5, il se pro-

duit quand on expose à la chaleur rouge certains sulfates desséchés (Fe, Cu, Zn), ou certains bisulfates
anhydres (K, Na). On connaît aussi deux espèces
chlorées du même genre :

$$SO^3Cl_x \quad \text{et} \quad SO^3_{\frac{3}{2}} Cl^{\frac{1}{2}}_{\frac{3}{2}}.$$

L'eau les décompose en acides chlorhydrique et
sulfurique.

111. Les *hyposulfites ou sulfosulfates* représentent des sulfates dans lesquels 1 éq. d'oxygène est
remplacé par du soufre. Ils se produisent par l'oxydation lente des sulfures alcalins, au contact de l'air,
et par la combinaison directe des sulfites avec le
soufre.

Quand on chauffe une solution de sulfite potassique ou sodique avec des fleurs de soufre, on obtient
de l'hyposulfite ; avec ce sel on produit tous les
autres par double décomposition.

Lorsqu'on ajoute de l'acide sulfurique ou hydrochlorique à la solution d'un hyposulfite, il se produit un dégagement de gaz sulfureux en même temps
qu'un dépôt de soufre. Un autre caractère des hyposulfites solubles, c'est de dissoudre le chlorure
d'argent.

Quand on ajoute du nitrate de Ag à la solution d'un hyposulfite, il se produit un précipité blanc qui noircit peu à peu, en se transformant en sulfure d'argent. Les sels de Pb précipitent en blanc; le précipité brunit également à l'ébullition. Le sulfate de Cu ne la précipite pas d'abord; mais, par l'ébullition, il se dépose du sulfure noir.

Tous les hyposulfites se décomposent par la calcination, en donnant du sulfate et du sulfure.

112. Les *hyposulfates* ou *dithionates* sont des sels intermédiaires entre les sulfates et les sulfites. On peut les obtenir en mettant l'acide sulfureux en contact avec du peroxyde de manganèse; il se produit de l'hyposulfate manganeux, en même temps que le peroxyde passe à l'état d'oxyde manganique, insoluble dans le liquide où s'est faite la réaction. Elle est d'ailleurs toujours accompagnée de la formation d'une certaine quantité de sulfate, provenant d'une réaction secondaire.

Ces hyposulfates renferment les éléments d'un sulfate, plus ceux d'un sulfite moins OM^2 :

$$\left. \begin{array}{l} S^2O^6(M^2) = SO^4(M^2) \\ SO^3(M^2) \end{array} \right\} -OM^2 = SO^2 + SO^4(M^2).$$

Aussi, les reconnaît-on aisément, en ce que

l'acide sulfurique concentré en dégage du gaz sulfureux. Ils éprouvent la même transformation, quand on les fait bouillir avec de l'acide hydrochlorique ; la solution renferme alors en même temps du sulfate.

A chaud, ils sont aussi convertis en sulfates par l'acide nitrique.

Tous les hyposulfates neutres sont solubles dans l'eau ; les sous-hyposulfates y sont insolubles. Ces sels n'ont aucun emploi.

Les *trithionates*, *tétrathionates* et *pentathionates* sont encore peu connus.

Série de l'Azote.

113. L'azote libre ne s'unit, d'une manière directe, à aucun corps ; il est, sous ce rapport, d'une indifférence extrême. Aussi, les combinaisons azotées ne se produisent-elles que par l'intermédiaire de l'ammoniaque NH^3. Cet alcaloïde peut être considéré comme la matière première de tous les corps azotés. En s'oxydant, il se convertit en nitrate ; les espèces de ce genre donnent, par une désoxydation

partielle, des nitrites, ainsi que des corps non-binômes (deutoxyde d'azote NO, vapeur nitreuse NO^2). Le nitrate ammonique, en éliminant les éléments de l'eau, se convertit en un autre corps non-binôme, le protoxyde d'azote N^2O.

Voici cette série :

$N(M^3)$	azotures ou amidures...	
NH^2Pt	platamine............	alcaloïdes.
N^3H^5Pt	semiplatamine..........	
N^2H^4ClPt	chloplatamine.........	
$NO^3(M)$	nitrates ou azotates....,	BERZ. N^2O^5,MO.
$NOCl^3$	anhyd. oxychloro-nitrique (vap. de l'eau régale).	
$NO^2(M)$	nitrites ou azotites...........	N^2O^3,MO.
N^2O	protoxyde d'azote.......	non-binômes.
NO	deutoxyde d'azote.......	
NO^2	anhydride nitroso-nitrique ou hyponitrique.	

114. *Azotures; sels ammoniques, platammiques, chloplatammiques,* etc. — L'espèce hydrique ou normale du genre azoture, l'ammoniaque, se produit dans une foule de circonstances, surtout par la putréfaction des matières azotées, végétales ou animales. Les autres espèces se produisent par l'action directe de l'ammoniaque sur les chlorures ou les oxydes secs.

Les azotures métalliques se dissolvent dans les acides concentrés, et notamment dans l'acide sulfurique, en donnant des sels ammoniacaux, ainsi que du sulfate. A l'aide de la potasse ou de la chaux, on peut ensuite dégager l'ammoniaque du produit et la reconnaître par les moyens connus (62).

Tous les azotures sont décomposés par la chaleur; l'espèce normale, la plus stable de toutes, exige pour cela la température du rouge, tandis que les autres se décomposent bien au-dessous; plusieurs azotures (argent fulminant, or fulminant) sont même si instables, que le moindre frottement les détruit en déterminant de violentes explosions. A part l'ammoniaque, ils sont tous insolubles dans l'eau.

Il existe aussi des sous-azotures (sels doubles formés par un azoture et un oxyde).

Nous avons déjà dit (72) que l'ammoniaque est le type des alcaloïdes ; elle se combine directement avec les acides en produisant des alcalisels. La plupart des autres azotures se comportent d'une manière semblable, et de même que l'ammoniaque donne, par exemple, le chlorure ammonique, le sulfate ammonique, on peut obtenir avec l'azoture de mercure $N(Hg^5)$ le chlorure mercurammonique, le nitrate mercurammonique, le sulfate mercurammonique, etc. (73).

115. On peut aussi, dans l'ammoniaque, remplacer l'hydrogène par un corps halogène, en la soumettant à l'action du chlore, du brôme, ou de l'iode :

NH^3 ammoniaque.

NCl^3 ammoniaque trichlorée (chlorure d'azote).

NHl^2 ammoniaque biiodée (iodure d'azote).

Ces composés sont remarquables par leur faible stabilité ; ils se décomposent, sous les moindres influences, avec une explosion épouvantable ; ils détonnent déjà par la pression ou le choc. Traités par la potasse, ils régénèrent de l'ammoniaque, et donnent les mêmes sels (iodure et iodate, chlorure et chlorate) que cet alcali produirait avec le chlore ou l'iode libres.

Les acides produisent un effet semblable, et les convertissent en sels ammoniacaux. La réaction est moins prompte avec l'ammoniaque biiodée : celle-ci se dissout, par exemple, dans l'acide hydrochlorique dilué, et quand on y ajoute ensuite de la potasse, elle se précipite en grande partie sans altération. L'iodure d'azote se comporte donc comme un alcaloïde faible, comme l'ammoniaque elle-même.

116. Il faut aussi rattacher aux sels ammoniques, les sels formés par des alcaloïdes qui résultent de l'ammoniaque par la substitution du platine (plati-nosum) et du chlore à l'hydrogène. Voici comment ils se forment : le chlorure platammonique jaune

$Cl(Pt, NH^3)$ semblable à $Cl(H, NH^3)$ chlorure ammonique,

peut éprouver une transposition moléculaire ; il devient alors vert et renferme :

$$Cl(H, NH^2Pt),$$

c'est-à-dire les éléments de l'acide hydrochlorique, plus ceux d'un alcaloïde, dans lequel le platine remplace l'hydrogène. Ce sel est connu sous le nom de *sel vert de Magnus*. Il donne, par double décomposition, un sulfate, un nitrate, etc., dont la composition est tout-à-fait analogue à celle du sulfate, du nitrate ammoniques, etc., seulement NH^3 y est remplacé par NH^2Pt (platamine).

MM. Gros et Reiset ont aussi décrit d'autres séries de sels, dans lesquels on voit figurer de semblables alcaloïdes. Je vais donner les formules des chlorures correspondants :

Cl(H,NH³) chlorure ammonique.
Cl(H,NH²Pt) — platamique, sel de Magnus.
Cl(H,N²H⁵Pt) — semiplatamique, sel de Reiset.
Cl(H,N²H⁴ClPt) — chloplatamique, sel de Gros (a).

N²H⁵Pt (semiplatamine) et N²H⁴ClPt (chlopla-tamine) correspondent à 4 volumes d'ammoniaque N²H⁶, dans lesquels l'hydrogène aurait été en partie remplacé par du platine, ou par du platine et du chlore. Le platine, bien entendu, ne joue plus, dans ces combinaisons, le rôle de métal ; les réactifs des sels platineux ne l'indiquent plus. Elles se compor-tent comme tous les chlorures ou hydrochlorates des alcaloïdes.

117. *Nitrates ; anhydride oxychloro-nitrique ; pro-toxyde d'azote.* — Les plâtras ou débris des vieux bâtiments, le sol des écuries, des caves, des berge-ries, etc., renferment des quantités plus ou moins fortes de nitrates (K, Ca, Mg), provenant de la combustion lente qu'éprouvent l'ammoniaque et les matières organiques azotées en putréfaction , au contact de l'air et de certaines substances poreuses.

(a) Cette formule diffère par H de celle de M. Gros ; mais ses analyses vont aussi bien avec ma formule , qui me semble plus vraisemblable.

La formation des nitrates (Na) est surtout abondante dans les pays chauds, notamment au Pérou et dans l'Inde. Il s'en produit (acide nitrique) pendant les orages, quand les éclairs sillonnent l'atmosphère.

Réciproquement, l'acide nitrique et les nitrates régénèrent l'ammoniaque, quand on les soumet, en présence de l'eau, à l'action de certains corps réducteurs. Ainsi, quand on jette des fragments de salpêtre dans un mélange de fer ou de zinc et d'acide hydrochlorique, le dégagement de l'hydrogène est arrêté ou ralenti, jusqu'à ce que tout le nitrate soit transformé en ammoniaque (Kuhlmann).

Tous les nitrates se décomposent à une forte chaleur rouge, en développant des vapeurs rutilantes (NO^2). Cette décomposition est surtout prompte en présence de matières combustibles, par exemple, de charbon ou de métaux fort oxydables.

Les nitrates, en général, sont des oxydants très-énergiques. Quand on projette un nitrate sur des charbons incandescents, ou qu'on introduit un morceau de papier ou toute autre substance carbonée dans un nitrate maintenu en fusion, il s'effectue une vive déflagration, due à la combustion de ces substances, aux dépens de l'oxygène du nitrate. Un effet semblable se manifeste avec les métaux qui s'oxydent directement par le contact de l'oxygène à une température élevée : ainsi, par exemple, avec de la limaille de cuivre, de fer ou d'étain.

Les nitrates se reconnaissent aussi par voie humide, à l'aide des substances qui sont influencées par les agents oxygénants. Quand on verse de l'acide sulfurique concentré dans la solution d'un nitrate, et qu'on jette, dans le mélange, après qu'il s'est refroidi, un cristal de sulfate ferreux, on le voit s'entourer d'une auréole brune ou noire. La réaction consiste en ceci : Au contact de l'acide sulfurique concentré, le nitrate métallique donne de l'acide nitrique ; celui-ci, en rencontrant le sulfate ferreux, se désoxyde et en fait passer une certaine quantité à l'état de sulfate ferrique ; enfin, la désoxydation de l'acide nitrique a pour conséquence la formation d'une certaine quantité de deutoxyde d'azote, et ce gaz forme un composé brun ou noir avec une autre portion de sulfate ferreux, non décomposé.

L'indigo bleu est aussi très-sensible à l'action de l'acide nitrique ; celui-ci le détruit immédiatement. On peut donc reconnaître un nitrate en solution, en y ajoutant une toute petite quantité d'une dissolution d'indigo, de manière à bleuir à peine la liqueur, versant quelques gouttes d'acide sulfurique dans le mélange, et faisant bouillir. La coloration bleue disparaît alors immédiatement, si la solution renferme un nitrate.

Enfin, quand on mélange un nitrate avec de la limaille de cuivre, et qu'on y verse de l'acide sulfurique concentré, l'acide nitrique, ainsi mis en liberté, se désoxyde au contact du métal, et l'on voit apparaître des vapeurs rutilantes.

Sauf un petit nombre de sous-sels, la plupart des nitrates se distinguent par leur solubilité dans l'eau ; les sous-sels insolubles se dissolvent aisément dans l'acide nitrique.

Tous les nitrates sont décomposés par l'acide sulfurique, et dégagent de l'acide nitrique à l'état de vapeur. Chauffés avec de l'acide hydrochlorique, ils dégagent des vapeurs jaune-rougeâtre d'*anhydride oxychloro-nitrique* (acide chlorazotique de M. Baudrimont) :

$$NO^3(M) + 4Cl(H) = NOCl^3 + Cl(M) + 2O(H^2) \ (a).$$

(*a*) Voir mes Observations, dans les *Comptes-rendus des travaux de Chimie*. 1846 , p. 226.

22

Ces vapeurs, dissoutes dans l'eau, constituent ce qu'on appelle l'*eau régale*.

Elles régénèrent alors de l'acide hydrochlorique et de l'acide nitrique. Au contact des métaux, elles se décomposent en chlore et en deutoxyde d'azote :

$$NOCl^3 = Cl^3 + NO.$$

Aussi, l'eau régale convertit les métaux en chlorures.

Par la distillation sèche, le nitrate ammonique élimine les éléments de l'eau, et se convertit en *protoxyde d'azote* N^2O, substance non-binôme :

$$NO^3(H, NH^3) = 2OH^2 + N^2O.$$

118. *Nitrites ; anhydride nitroso-nitrique ou hyponitrique ; deutoxyde d'azote.* — Les nitrites se produisent par une décomposition incomplète de quelques nitrates (K, Na, Ba), sous l'influence de la chaleur. Ceux-ci dégagent alors du gaz oxygène, et il reste du nitrite :

$$NO^3(M) = O + NO^2(M).$$

On les obtient aussi en dissolvant l'anhydride hyponitrique (vapeurs rutilantes) dans la soude ou la baryte, et évaporant à cristallisation ; le nitrate cristallise le premier, et le nitrite reste dans les eaux-mères.

Les nitrates se décomposent par la chaleur, en émettant des vapeurs rutilantes, comme les nitrates. Ils dégagent les mêmes vapeurs, quand on les traite à froid par l'acide sulfurique concentré. Ce caractère les distingue des nitrates.

Au reste, les nitrites ne sont que fort peu connus. L'espèce hydrique n'a encore été obtenue qu'à l'état de mélange avec l'acide nitrique.

Lorsqu'on calcine les nitrates et les nitrites, ils dégagent des vapeurs rutilantes d'*anhydride hyponitrique* NO^2. Celui-ci donne, au contact de l'eau, tantôt un mélange d'acide nitrique et d'acide nitreux, tantôt de l'acide nitrique et du deutoxyde d'azote, suivant les proportions d'eau et d'anhydride :

$$2NO^2 + O(H^2) = NO^3(H) + NO^2(H),$$
$$3NO^2 + O(H^2) = 2NO^3(H) + NO.$$

Quant au *deutoxyde* ou *bioxyde d'azote* NO, c'est aussi le produit d'une désoxydation partielle des nitrates ; il est non-binôme, et se convertit, au contact de l'air, en vapeurs rutilantes d'anhydride hyponitrique.

SÉRIE DU PHOSPHORE.

119. Le phosphore s'unit directement à l'oxygène, aux corps halogènes, aux métaux, en produisant une série de combinaisons, susceptibles de
se convertir les unes dans les autres. Voici les espèces normales des principaux genres:

$P(M^3)$ phosphures........ Berz. P^2M^3.

$P(M)$ perphosphures........... P^2M.

$PH^2O^2(M)$ hypophosphites.......... $P^2O,MO+2H^2O$.

$PHO^3(M^2)$ phosphites............. $P^2O^2,2MO+H^2O$.

$PO^{\frac{3}{2}}$ anhydrides phosphoreux... P^2O^3.

$PO^{\frac{5}{2}}$ anhydrides phosphoriques.. P^2O^5.

$PO^4(M^3)$ phosphates............. $P^2O^5,3MO$.

$PO^{\frac{7}{2}}(M^2)$ pyrophosphates.......... $P^2O^5,2MO$.

$PO^3(M)$ métaphosphates.......... P^2O^5,MO.

PH^3N^2O phosphamide........ ⎫
PNO biphosphamide...... ⎬ non-binômes.
PHN^2 phospham.......... ⎭

De tous ces corps, les phosphates, pyrophosphates et métaphosphates sont ceux qui présentent
le plus de stabilité.

120. *Phosphures et perphosphures.* — Le gaz

hydrogène phosphoré PH^3 est, dans cette série, le pendant de l'ammoniaque NH^3. Il se comporte, avec quelques acides, comme un alcaloïde. On connaît, par exemple :

$$\text{Un iodure} \dots\dots\dots\dots\dots I(H,PH^3),$$
$$\text{semblable à l'iodure ammonique} \dots I(H,NH^3).$$

Les phosphures métalliques s'obtiennent, soit par la combinaison directe des métaux avec le phosphore ; soit par double décomposition, à l'aide du phosphore hydrique PH^3 ; soit enfin par la réduction des phosphates, à l'aide du charbon. Ils sont assez mal connus.

Ceux des métaux alcalins décomposent l'eau en dégageant du phosphure hydrique ; les phosphures des autres métaux éprouvent une décomposition semblable au contact des acides.

Il faut distinguer des phosphures les perphosphures $P(M)$, qui ont pour propriété caractéristique de dégager du phosphore par la chaleur, pour se convertir en phosphures :

$$3P(M) = P^2 + P(M^2).$$

L'hydrogène phosphoré liquide (spontanément inflammable) appartient probablement à ce genre.

22.

121. *Hypophosphites.* — Quand on fait bouillir la solution d'un oxyde alcalin (chaux, baryte) avec du phosphore, il se dégage du perphosphure hydrique, et l'on obtient de l'hypophosphite. Le même sel se produit par l'action d'un sulfure alcalin sur le phosphore :

$$P^2 + O(HK) + O(H^2) = P(H) + PH^2O^2(K).$$

Les hypophosphites sont des sels unibasiques solubles dans l'eau, et, pour la plupart, cristallisables. Ceux à base de K et de Na sont remarquables par la propriété de tomber en déliquescence à l'air humide.

Quand on les porte à une température élevée, ils se convertissent en phosphates, en développant du gaz phosphure hydrique qui s'enflamme sous l'influence de l'air et de la chaleur.

A l'état sec, ils ne s'altèrent pas à l'air ; mais, en présence de l'humidité, ils s'oxydent promptement, et se transforment en phosphites. Cette conversion s'opère plus promptement, si l'on fait bouillir un hypophosphite avec un excès de potasse caustique ; il se dégage alors du gaz hydrogène :

$$PH^2O^2(K) + O(HK) = PHO^3(K^2) + H^2.$$

La tendance des hypophosphites à s'oxygéner
davantage, se manifeste aussi en présence des solutions d'or, d'argent et de mercure ; celles-ci en sont
réduites, de manière à mettre le métal en liberté.

122. *Anhydrides phosphoreux ; phosphites.* — Par la
combustion dans l'air confiné, le phosphore produit de l'anhydride phosphoreux ; dans le chlore
gazeux, de l'anhydride chlorophosphoreux :

$$PO^{\frac{2}{3}} \quad \text{anhydride phosphoreux,}$$
$$PCl^{3} \quad\quad — \quad\quad \text{chlorophosphoreux.}$$

Ces deux anhydrides, mis au contact de l'eau, en
fixent les éléments, et se convertissent en acides
hydrochlorique et phosphoreux.

Les phosphites se produisent aussi par l'oxydation des hypophosphites.

Ces sels constituent un genre bibasique. Les sels
neutres à base de K, Na, Am sont fort solubles
dans l'eau et même déliquescents ; ceux à base de
Ca, Ba, Pb sont insolubles dans l'eau, mais ils se
dissolvent dans l'acide phosphoreux en donnant des
sels acides. Les phosphites neutres solubles sont
précipités par d'autres sels à base de Ca, Ba, Pb.

Les phosphites solubles ont une saveur âcre et
alliacée.

Tous les phosphites se décomposent sous l'influence d'une chaleur élevée ; lorsqu'ils sont secs , ils se convertissent en phosphates , en dégageant du phosphure hydrique PH^3. Ils se comportent donc , sous ce rapport , comme les hypophosphites ; cependant , quand ils renferment de l'eau de cristallisation et qu'on les chauffe brusquement , ils peuvent donner , en place du phosphure hydrique , du gaz hydrogène pur , en même temps que du phosphate.

Ils n'éprouvent pas cette métamorphose , quand on les fait bouillir en dissolution aqueuse avec de la potasse caustique ; on se rappelle , d'ailleurs , que les phosphites se produisent par l'action de cet agent sur les hypophosphites.

Néanmoins , les phosphites sont sensibles à l'action d'autres agents oxygénants ; à la température ordinaire , ils résistent assez bien à l'oxygène atmosphérique , mais ils passent à l'état de phosphates sous l'influence de l'acide nitrique , du chlore aqueux , et de plusieurs autres agents oxygénants. De même les phosphites solubles réduisent , surtout à chaud , les solutions d'argent , d'or et de mercure.

123. *Anhydrides phosphoriques ; phosphates*, etc.— La combustion , en présence d'un excès d'oxygène ,

convertit le phosphore en anhydride phosphorique ;
en présence d'un excès de chlore, en anhydride
chlorophosphorique :

$$PO_2^5 \quad \text{anhydride phosphorique,}$$
$$PCl^5 \qquad - \qquad \text{chlorophosphorique.}$$

Par l'action incomplète de l'eau ou de l'hydrogène
sulfuré sur le chloride, on obtient, en outre, les anhydrides suivants :

$$PO_2^2Cl^3 \quad \text{anhydride oxychlorophosphorique,}$$
$$PS_2^2Cl^3 \qquad - \qquad \text{sulfochlorophosphorique.}$$

Tous ces anhydrides donnent, par l'action de l'eau,
de l'acide phosphorique ou métaphosphorique; les
anhydrides chlorés donnent, en même temps, de
l'acide hydrochlorique.

$$PO_2^5 + \tfrac{1}{2}O(H^2) = PO^3(H) \quad \text{acide métaphosphorique,}$$
$$PO_2^5 + \tfrac{3}{2}O(H^2) = PO^4(H^3) \quad - \quad \text{phosphorique.}$$

J'ai déjà exposé ailleurs (57) la manière dont les
phosphates se distinguent des *pyrophosphates* et des
métaphosphates. Aussi ne donnerai-je ici que les caractères des phosphates ordinaires.

Ces sels sont tribasiques (53). Les phosphates
neutres et acides à base alcaline sont solubles dans
l'eau; parmi les autres phosphates, il n'y a que quel-

ques sels acides qui s'y dissolvent. Les phosphates insolubles se dissolvent dans l'acide nitrique. Un grand nombre de phosphates neutres (M^5) résistent à l'action de la chaleur sans s'altérer.

La solution des phosphates présente une réaction caractéristique : additionnée de chlorure ammonique et d'ammoniaque, elle donne, par le sulfate magnésique, un précipité blanc et cristallin de phosphate ammonico-magnésique

$$PO^4(Mg^2Am),$$

insoluble dans l'ammoniaque, soluble dans les acides.

Les sels magnésiens précipitent d'ailleurs les phosphates neutres, en donnant du phosphate magnésique neutre, sous la forme d'un précipité blanc.

Le nitrate de Ag précipite en jaune serin (phosphate de Ag neutre) les phosphates (HM^2) et (M^3) ; le précipité est soluble dans l'acide nitrique.

L'acétate de Pb produit, dans les phosphates (HM^2) et (M^3), un précipité blanc de phosphate de Pb neutre, soluble dans l'acide nitrique, presque insoluble dans l'acide acétique. Chauffé sur un charbon, dans la flamme extérieure du chalumeau, ce phosphate de plomb fond, et la perle cristallise, par le refroidissement, en prenant une forme dodécaédrique.

Quand on verse, dans la solution d'un phosphate, de l'acide hydrochlorique, de manière à la rendre acide, puis quelques gouttes de chlorure ferrique, puis un excès d'acétate de K, on obtient des flocons blancs et gélatineux de phosphate ferrique neutre. Pour que la réaction soit bien évidente, il faut éviter d'ajouter trop de chlorure ferrique.

Le chlorure de Ba précipite en blanc la solution des phosphates à base alcaline (HM^2) et (M^3), en donnant du phosphate (HBa^2) ou (Ba^3), soluble dans les acides hydrochlorique et nitrique.

Quant aux *sulfophosphates* ou *phosphates sulfurés* $PO^3S(M^3)$, ils ont été obtenus, par M. Wurtz, à l'aide de l'anhydride sulfophosphorique et d'une lessive de soude. Les sulfophosphates sont aux phosphates ce que les hyposulfites ou sulfosulfates (110) sont aux sulfates. Le sulfophosphate neutre de Na cristallise en tables hexagonales, dont la solution précipite en blanc l'acétate de Pb ; mais ce précipité noircit par le repos, en se transformant en un mélange de sulfure et de phosphate.

Nous avons déjà parlé (82) de la *phosphamide*. Les deux autres corps amidés se produisent aussi par l'anhydride chlorophosphorique et l'ammoniaque ;

ils régénèrent l'acide et l'ammoniaque, par l'action simultanée de l'eau et de la chaleur.

—

Série de l'Arsenic.

124. Peu de séries présentent entre elles plus de ressemblance que la série du phosphore et la série de l'arsenic ; on y rencontre à peu près les mêmes termes:

$As(M^3)$	arséniures.		
$As(M)$	perarséniures.		
$AsS(M^2)$	sulfarséniures.....	Berz.	$As^2S,M^2S.$
$AsHO^2(M^2)$	arsénites............		$As^2O^3,2MO + H^2O.$
$AsO^{\frac{3}{2}}$	anhydrides arsénieux...		$As^2O^3.$
$AsO^{\frac{5}{2}}$	— arséniques...		$As^2O^5.$
$AsO^4(M^3)$	arséniates............		$As^2O^5,3MO.$

L'hydrogène arséniqué AsH^3 est le correspondant de PH^3 et de NH^3. Ce gaz, vénéneux au plus haut degré, se produit toutes les fois qu'on dégage du gaz hydrogène d'une solution aqueuse, contenant une combinaison arsénicale quelconque : ainsi, par exemple, quand on met de la limaille de fer ou de zinc dans la solution, et qu'on y ajoute de l'acide hydrochlorique ou sulfurique. Il se décompose par la chaleur en arsenic et en hydrogène. C'est sur ce caractère qu'est fondé l'usage de *l'appareil de Marsh.*

L'anhydride arsénieux $AsO_{\frac{3}{2}}$ se produit par la combustion de l'arsenic ; il sert à produire les autres combinaisons arséniées.

125. Nous nous bornerons à donner les caractères des arsénites et des arséniates.

Presque tous les *arsénites* se décomposent au rouge, en se transformant en arséniates et en arsenic qui devient libre. Il n'y a d'arsénites solubles que ceux à base d'alcali ; les autres sont insolubles dans l'eau, mais solubles dans l'acide hydrochlorique.

L'hydrogène sulfuré ne précipite presque pas les arsénites neutres ; mais, quand on y ajoute un acide, ce gaz donne un précipité jaune de sulfide arsénieux $AsS_{\frac{3}{2}}$ fort soluble dans les oxydes et dans les sulfures alcalins.

Le nitrate de Ag donne, dans les arsénites neutres, un précipité jaune d'arsénite argentique ; si le sel est acide, il faut prendre du nitrate d'argent légèrement ammoniacal.

Le sulfate cuivrique et le sulfate cuprammonique

donnent, avec les arsénites, un précipité vert-jaunâtre d'arsénite cuivrique neutre.

Les arsénites passent aisément à l'état d'arséniates. Cette oxydation s'effectue, par exemple, quand on verse de la potasse caustique dans un arsénite alcalin, et ensuite, peu à peu, une solution de sulfate cuivrique; par l'ébullition du mélange, il se précipite alors de l'oxyde cuivreux rouge, et de l'arséniate potassique reste en dissolution.

Quant aux *arséniates*, il n'y a que ceux à base alcaline qui soient solubles dans l'eau; ils sont iso-morphes avec les phosphates correspondants. La plupart des arséniates neutres résistent, sans se dé-composer, à l'action de la chaleur; mais les arséniates acides perdent, à la chaleur rouge, une partie de leur arsenic, sous forme d'anhydride arsénieux et de gaz oxygène.

Les arséniates neutres ne sont pas précipités par le sulfure hydrique; mais, en présence d'un acide, ce gaz détermine peu à peu la précipitation de l'an-hydride sulfarsénique $AsS_{\frac{5}{2}}$, soluble dans les sulfu-res alcalins.

Le nitrate de Ag, produit dans les arséniates neutres, un précipité rouge-brun d'arséniate argentique neutre, soluble dans l'acide nitrique étendu et dans l'ammoniaque. Le sulfate cuivrique et le sulfate cuprammonique donnent un précipité bleu-verdâtre d'arséniate cuivrique neutre.

Quand on chauffe un arsénite ou un arséniate dans un petit tube, avec du charbon, ou avec un mélange de carbonate de soude et de cyanure potassique, on obtient un sublimé d'arsenic.

On connaît aussi des arséniates, dans lesquels l'oxygène est remplacé en partie ou en totalité par du soufre :

$$\begin{array}{ll}
\text{Arséniates} \dots\dots\dots & AsO^4(M^3). \\
\text{Sulfarséniates} \dots\dots\dots & AsO^3S(M^3). \\
\text{Persulfarséniates} \dots\dots & AsS^4(M^3).
\end{array}$$

SÉRIE DE L'ANTIMOINE.

126. L'antimoine donne une série semblable à celle de l'arsenic : il existe donc un gaz antimoniure d'hydrogène SbH^3 qui se développe dans les mêmes circonstances que l'arséniure correspondant ; de même, on connaît des antimoniures métalliques, des sulfantimoniures, des antimoniates, des sulfantimoniates, dont la composition est analogue à celle des composés arséniés. Leur formule est la même, As y étant remplacé par Sb.

Série du Chrome.

127. Les combinaisons chromées ne renferment pas toujours le chrome à l'état de métal (63 b). Voici des corps, où cet élément se comporte comme le soufre, le chlore, et d'autres corps non-métalliques :

$Cr_2O^4(M^2)$ chromates. . . . . BERZ. CrO^3,MO.
Cr_2O^3 anhydrides chromiques. . . . CrO^3.

Les *chromates* se produisent toutes les fois qu'un corps chromé quelconque est calciné avec un sel, capable de céder de l'oxygène sous l'influence de la chaleur, par exemple avec un nitrate ou un chlorate. A l'exception des sels de K, Na et Am, les chromates sont insolubles dans l'eau ; la plupart d'entre eux résistent à l'action de la chaleur. Ils sont toujours colorés ; ceux à base alcaline sont jaunes ou rouges.

Les solutions des chromates sont remarquables

par la facilité avec laquelle elles se décomposent au contact des corps réducteurs, tels que l'hydrogène sulfuré, l'acide sulfureux, et même un mélange d'alcool et d'acide hydrochlorique. Tous ces agents les font passer à l'état de sels chromiques (63 *b*). Cette transformation se reconnaît aisément, en ce que la couleur jaune ou rouge du chromate passe au vert.

Fondus avec du carbonate sodique et du salpêtre, tous les chromates insolubles se convertissent en chromates de Na ou K solubles.

Le chlorure de Ba précipite les chromates en blanc-jaunâtre, soluble dans les acides hydrochlorique et nitrique. Le nitrate de Ag produit un précipité pourpre foncé, soluble dans l'acide nitrique et dans l'ammoniaque. L'acétate de Pb produit un précipité jaune, soluble dans la potasse, peu soluble dans l'acide nitrique étendu.

Les chromates sont isomorphes avec les sulfates correspondants.

Quand on ajoute de l'acide sulfurique concentré à la solution d'un chromate, l'acide chromique mis en liberté se transforme en *anhydride chromique*. En distillant avec l'acide sulfurique un mélange de chlorure et de chromate, on obtient l'anhydride chlorochromique :

$$Cr_2O^3. \quad \text{anhydride chromique.}$$
$$Cr_2O^2Cl_2. \quad \text{—} \quad \text{chlorochromique.}$$

(V. les observations sur les anhydro‑sels, 58.)

Série du Manganèse.

128. Outre les sels manganeux et manganiques, où le manganèse fonctionne comme métal, il existe des composés où cet élément joue un rôle semblable aux corps non‑métalliques :

$$Mn_2O^4(M^2) \; \textit{manganates}\ldots\ldots\ldots \text{Berz.} \; MnO^3,MO$$
$$M_2O^4(M) \quad \textit{permanganates}.\ldots\ldots\ldots Mn^2O^7,MO.$$

Ces sels se produisent à peu près comme les chromates, quand on fait fondre un composé manganifère avec du nitre. Ils sont peu stables.

129. Le groupe des *éléments halogènes* (fluor, chlore, brôme, iode) est remarquable par l'extrême analogie des combinaisons. Cette ressemblance est si grande, qu'il suffit, dans beaucoup de cas, de connaître les caractères d'une combinaison formée par l'un d'entre eux, pour pouvoir prédire la manière d'être des combinaisons correspondantes des trois autres.

Les éléments halogènes se distinguent surtout par une forte affinité pour l'hydrogène et pour les métaux, et, sous ce rapport, ils surpassent même quelquefois l'oxygène et le soufre. D'un autre côté, ils présentent quelques points de contact avec l'azote, par leur faible tendance à s'unir à l'oxygène, et par la décomposition facile de leurs combinaisons oxygénées : aussi, tandis que l'hydrogène et les métaux sont capables, à l'état libre, de s'unir au chlore, au brôme, à l'iode, au fluor, jamais ces éléments ne se combinent directement avec le gaz oxygène.

Série du Fluor.

129 *a*. Le fluor se trouve engagé dans plusieurs combinaisons naturelles, notamment dans quelques *fluorures*. D'autres fois, il remplace l'oxygène dans certaines combinaisons du bore et du silicium, et constitue les *fluoborates* et les *fluosilicates*. (V. Séries du bore et du silicium.) On ne connaît pas de combinaisons oxygénées du fluor.

Les fluorures renferment

$$F(M).$$

Quand on chauffe dans un petit creuset de platine un fluorure réduit en poudre avec de l'acide sulfurique concentré, il dégage des vapeurs d'acide hydrofluorique (fluorure de H) qui attaquent et dépolissent le verre.

Les fluorures alcalins sont solubles dans l'eau. Ils attaquent les vases en verre dans lesquels on chauffe leur solution, et produisent des sur-fluorures. La plupart des fluorures secs résistent à l'action de la chaleur.

Série du Chlore.

130. Elle se compose de plusieurs genres binômes :

$Cl(M)$	chlorures...........	Berz. MCl^2, M^2Cl^6, MCl^5, etc.
$ClO(M)$	hypochlorites.............	Cl^2O, MO
$ClO^2(M)$	chlorites...............	Cl^2O^3, MO
$ClO^3(M)$	chlorates...............	Cl^2O^5, MO
$ClO^4(M)$	perchlorates.............	$Cl^2O^7, MO.$

Deux anhydrides, Cl^2O et ClO^2, appartiennent à la même série. Tous les composés qui renferment de l'oxygène dans cette série, sont remarquables par la décomposition qu'ils éprouvent de la part de la chaleur. Ils ne se produisent pas directement par l'oxygène et les chlorures, mais ne s'obtiennent que par le chlore et les oxydes : le premier terme, qui se forme ainsi, est le genre *hypochlorite*, lequel, par des métamorphoses successives, donne les autres composés oxygénés, tant les genres binômes que les anhydrides.

De tous ces composés, les chlorures ont le plus de stabilité, et forment, pour ainsi dire, le noyau des autres sels.

131. *Chlorures.*—À l'exception des chlorures argentique, cuivreux et mercureux, tous les équichlorures sont solubles dans l'eau; le chlorure de plomb toutefois ne se dissout que dans l'eau bouillante. La plupart des sous-chlorures sont insolubles dans l'eau; mais ils se dissolvent dans l'acide nitrique et dans l'acide hydrochlorique.

Le chlorure d'argent est parfaitement insoluble dans l'acide nitrique. Cette insolubilité permet d'employer les sels d'argent pour reconnaître les chlorures. En effet, quand on ajoute du nitrate d'argent à la solution d'un chlorure, il se produit immédiatement un précipité blanc et caillebotté de chlorure d'argent, insoluble dans l'acide nitrique, fort soluble dans l'ammoniaque.

Plusieurs chlorures anhydres (H, Sbδ, Alβ, Biδ, Hg) sont volatils sans décomposition. Les autres résistent à l'action de la chaleur, et, à part les chlorures de Ptγ et de Auβ, sans éprouver de décomposition. Ils sont tous fusibles à une température plus ou moins élevée.

132. *Hypochlorites ; anhydride hypochloreux.* — On connaît depuis long-temps, sous le nom de *chlorures décolorants* (chlorures d'oxydes, chlorures désinfectants, chlorures de Labarraque), des mélanges de chlorures et de sels particuliers, qui ont la propriété de blanchir certaines couleurs végétales à l'instar du chlore libre. Ces chlorures décolorants s'obtiennent par l'action directe du chlore sur des solutions alcalines (oxydes de K, Na, Ca, Ba) :

$$Cl^2 + O(M^2) = ClO(M) + Cl(M).$$

Les hypochlorites ne sont donc connus qu'à l'état de mélange avec les chlorures. Ils ont une odeur faible qui rappelle celle du chlore, et se décomposent avec une grande facilité au contact des corps oxydables ; ainsi, ils convertissent le phosphore en acide phosphorique, le soufre et l'acide sulfureux en acide sulfurique, en passant eux-mêmes à l'état de chlorures. Leur solution produit à chaud, dans le sulfate manganeux, un précipité noir de peroxyde manganeux. L'effet est entièrement semblable, quand on met les hypochlorites en présence de substances organiques colorées, telles que l'indigo, le tournesol; ces corps, en s'oxydant, produisent alors des combinaisons incolores, en même temps qu'il se produit du chlorure d'hydrogène.

Quand on chauffe de l'acide hypochloreux avec une dissolution de chlorure de K, à une température voisine de l'ébullition, il se développe du chlore gazeux, et l'on obtient un *chlorate* :

$$Cl(K) + 6ClO(H) = ClO^5(K) + Cl^5 + 3O(H^2).$$

Une semblable métamorphose s'effectue déjà à la longue dans la solution des chlorures décolorants ; elle s'établit surtout à la lumière.

Si, au lieu de faire réagir le chlorure de K sur l'acide hypochloreux, on met celui-ci en contact avec le chlorure de H, on n'obtient que de l'eau et du chlore :

$$Cl(H) + ClO(H) = O(H^2) + Cl^2.$$

Ceci explique pourquoi on obtient du chlore gazeux, quand on verse de l'acide sulfurique concentré sur un chlorure décolorant (mélange de chlorure et d'hypochlorite) ; on a alors deux réactions parallèles, dont les produits, formés simultanément, réagissent, comme dans l'équation précédente :

Première réaction.		Deuxième réaction.	
$2Cl(K)$	$2Cl(H)$ acide hydrochlor.	$2ClO(K)$	$2ClO(H)$ acide hypochl.
$SO^4(H^2)$	$SO^4(K^2)$	$SO^4(H^2)$	$SO^4(K^2)$.

L'*anhydride hypochloreux* Cl^2O forme directement avec l'eau l'acide hypochloreux :

$$Cl^2O + O(H^2) = 2ClO(H).$$

133. *Chlorites ; anhydride hypochlorique.* — Sous l'influence de l'acide sulfurique concentré, les chlorates dégagent de l'*anhydride hypochlorique* ClO^2, lequel a la propriété d'être complétement absorbé par le mercure et de produire ainsi du chlorite :

$$ClO^2 + Hg = ClO^2(Hg).$$

Les chlorites sont des sels peu stables. Ils se détruisent par la chaleur, tantôt brusquement et avec explosion, en donnant du chlorure et du gaz oxygène :

$$ClO^2(M) = Cl(M) + O^2 ;$$

tantôt avec plus de lenteur, en produisant du chlorate et du chlorure. Cette dernière métamorphose a surtout lieu dans les chlorites dissous :

$$3ClO^2(M) = 2ClO^3(M) + Cl(M).$$

Ils se décomposent avec effervescence par l'addition d'un acide, en développant des vapeurs d'anhydride hypochlorique.

134. *Chlorates.* — Tous les chlorates sont décomposés par la chaleur, même au-dessous du rouge, en dégageant du gaz oxygène et en donnant du chlorure. Cette décomposition est surtout favorisée par la présence de corps combustibles, et, sous ce rapport, les chlorates se comportent donc comme les nitrates. Il n'est même pas toujours nécessaire d'exposer à l'action du feu les mélanges de chlorates et de corps combustibles ; il en est beaucoup qui détonent violemment par l'effet seul du choc.

Les solutions des chlorates produisent les mêmes effets de décoloration que les nitrates, quand on y ajoute une solution d'indigo et de l'acide sulfurique.

L'acide sulfurique concentré colore les chlorates en jaune, et en dégage déjà, à froid, des vapeurs jaunes d'anhydride hypochlorique.

24

Quand on chauffe un chlorate avec de l'acide hydrochlorique, il dégage un mélange jaune de chlore et d'anhydride hypochlorique, en même temps qu'il se produit du chlorure et de l'eau :

$$ClO^3(M) + Cl(H) = ClO^2(H) + Cl(M)$$
$$ClO^3(H) + Cl(H) = ClO^2 + Cl + O(H^2).$$

Tous les équichlorates sont solubles dans l'eau ; les sous-chlorates y sont insolubles, mais solubles dans les acides étendus.

135. *Perchlorates*. — Dans la décomposition du chlorate de K par la chaleur, si l'on ne chauffe pas le sel au-delà du point où l'oxygène commence à se dégager, on obtient un résidu renfermant à la fois du chlorure et du perchlorate :

$$2ClO^3(K) = O^2 + Cl(K) + ClO^4(K).$$

Les perchlorates sont plus stables que les chlorates ; toutefois, ils se décomposent à une température très-élevée, en donnant, comme eux, du chlorure et de l'oxygène. De même, ils explosionnent sur les charbons incandescents.

Ils ne dégagent pas d'anhydride hypochlorique au contact de l'acide sulfurique concentré ; celui-ci ne les colore pas en jaune. Ils sont solubles dans l'eau ; toutefois le sel de K y est peu soluble à froid.

Série du Brôme.

136. Les composés de cette série présentent la plus grande analogie avec celle du chlore. On y distingue les genres suivants :

$Br(M)$ bromures........ Berz. MBr^2
$BrO^3(M)$ bromates............... $Br^2O^5,MO.$

Le nitrate d'argent produit dans la solution aqueuse des *bromures*, un précipité jaunâtre, qui se colore en violet à la lumière. Ce bromure d'argent est insoluble dans l'acide nitrique et peu soluble dans l'ammoniaque.

Tous les bromures sont décomposés par le chlore. Quand on ajoute de l'eau chlorée à un bromure, le liquide se colore en jaune – rougeâtre, par du brôme mis en liberté. On peut s'emparer du brôme, en agitant le liquide avec de l'éther; il se forme ainsi deux couches, dont la supérieure, colorée en jaune, renferme en dissolution tout le brôme.

Chauffés avec de l'acide sulfurique et du peroxyde de manganèse, tous les bromures dégagent du brôme en vapeurs jaune-rougeâtre.

A l'exception des bromures d'argent et de mercure, tous les bromures sont également décomposés par l'acide nitrique ; le bróme mis en liberté colore en jaune l'empois d'amidon.

Quant aux *bromates*, ils se forment de la même manière que les chlorates, et se comportent comme eux sous l'influence de la chaleur, en donnant de l'oxygène et des bromures. Leur solution aqueuse est décomposée, à la température ordinaire, par l'acide sulfureux, et met alors du bróme en liberté.

—

Série de l'Iode.

137. Les combinaisons binómes les plus connues de cette série sont :

$$I(M) \quad \text{iodures} \ldots \ldots \ldots \text{Berz. } MI^2$$
$$IO(M) \quad \text{hypoiodites} \ldots \ldots \ldots I^2O, MO$$
$$IO^3(M) \quad \text{iodates} \ldots \ldots \ldots I^2O^5, MO$$
$$IO^4(M) \quad \text{periodates} \ldots \ldots \ldots I^2O^7, MO.$$

En fait de composés non-binómes, il faut nommer les *anhydrides iodique* I^2O^5, *hypoiodeux* I^2O^1 ou IO^2 et le *chloranhydride iodeux* ICl^3.

Quand on dissout à froid de l'iode dans la soude caustique, on obtient de l'*hypoiodite* de Na, que l'eau chaude dédouble en iodate et iodure :

$$3IO(Na) = IO^3(Na) + 2I(Na).$$

Les hypoiodites sont donc des sels fort peu stables.

138. *Iodures*. — A part les sels à base d'or et de platine qui dégagent de l'iode par la chaleur, tous les iodures métalliques résistent à l'action de la chaleur, et la plupart se volatilisent. Ce sont donc les sels les plus stables de la série de l'iode.

Ils sont sans odeur, et plusieurs d'entre eux offrent des couleurs très-variées et quelquefois très-riches, comme l'iodure de mercure et l'iodure de plomb. Ils présentent beaucoup de rapport avec les chlorures et les bromures ; cependant il existe un plus grand nombre d'iodures insolubles.

On distingue les iodures aux réactions suivantes.

Le nitrate d'argent, produit dans les solutions aqueuses des iodures, un précipité jaune clair d'iodure de Ag, insoluble dans l'acide nitrique étendu, et presque insoluble dans l'ammoniaque.

Le chlorure mercurique précipite les iodures solubles en jaune, et le précipité se transforme en peu d'instants en une poudre cristalline d'un rouge magnifique ; ce précipité se redissout aisément dans un excès d'iodure de K ou Na. Le nitrate mercureux donne un précipité vert d'iodure mercureux.

24.

La solution d'un mélange de sulfate cuivrique et de sulfate ferreux, précipite dans les solutions aqueuses et neutres des iodures, de l'iodure cuivreux d'un blanc sale, tandis que le liquide se colore en brun par de l'iode libre. Les chlorures et les bromures ne précipitent pas par ce réactif.

Les iodures sont aisément décomposés par l'acide nitrique. Chauffés à l'état sec avec cet acide, ils dégagent des vapeurs hyponitriques et des vapeurs violettes d'iode. Si l'on ajoute de l'acide nitrique à la solution d'un iodure, le liquide se colore en jaune par de l'iode mis en liberté, et donne alors, avec l'empois d'amidon, la coloration bleue, si caractéristique pour l'iode ; quand la solution de l'iodure est bien concentrée, il se précipite en même temps de l'iode, sous forme de poudre noire.

L'eau chlorée décompose aussi les iodures ; si l'on a soin de ne pas l'y ajouter en excès, le liquide se colore en jaune par de l'iode libre, lequel bleuit alors par l'empois d'amidon.

Enfin, quand on chauffe les iodures avec de l'acide sulfurique et du peroxyde de manganèse, il se développe des vapeurs violettes d'iode.

139. *Iodates ; anhydride iodique.* — Les iodates

résultent de la métamorphose des hypoiodites (137) sous l'influence de l'eau. Ils ont beaucoup de rapport avec les chlorates, et se décomposent comme eux, sous l'influence de la chaleur, soit en donnant du gaz oxygène pur (ceux de K, Ba, Na, Ca) et laissant de l'iodure, soit en dégageant du gaz oxygène ainsi que des vapeurs d'iode, et laissant de l'oxyde.

La solution des iodates est décomposée par l'acide sulfureux, qui en sépare de l'iode et produit du sulfate.

Traités par l'acide hydriodique, ils se convertissent en iodure, iode libre et eau.

$$IO^3(M) + 6I(H) = I(M) + 6I + 3OH^2.$$

Les iodates alcalins sont peu solubles à froid ; les autres sont tout-à-fait insolubles dans l'eau.

Ils sont décomposés à chaud par l'acide sulfurique qui en sépare l'acide iodique.

Celui-ci se convertit aisément par la chaleur en *anhydride iodique,* en éliminant les éléments de l'eau :

$$2IO^3(H) = I^2O^5 + O(H^2).$$

Cette production de l'anhydride iodique semble indiquer que les iodates sont bibasiques.

140. *Periodates.* — Lorsqu'on fait passer du

chlore dans la solution d'un mélange d'iodate alcalin (Na, K) et d'alcali caustique , il se produit un periodate ou oxi-iodate qui se précipite par l'évaporation du liquide :

$$IO^3(Na) + O(NaH) + Cl^2 = Cl(Na) + Cl(H) + IO^4(Na).$$

Les periodates sont peu solubles ou insolubles dans l'eau. Ils dégagent de l'oxygène par la calcination, et se convertissent en iodures.

L'équiperiodate de Na précipite les sels de Ba, Ca, Pb et Ag, en donnant des sous-periodates, en même temps que le liquide devient acide. Le précipité formé par les sels de Ag est jaune, et se colore par l'eau bouillante en rouge foncé.

Tous les periodates sont fort solubles dans l'acide nitrique étendu.

Série du Carbone.

141. Le carbone forme un nombre immense de composés, connus sous le nom collectif de *substances organiques*. Les produits si variés de la végétation et de la vie animale renferment toujours du carbone

associé à l'hydrogène, à l'oxygène, à l'azote. Quelquefois aussi le soufre, le phosphore, les métaux, etc., y sont contenus.

On croyait autrefois que l'azote était le partage exclusif des substances d'origine animale; mais il n'existe aucune différence réelle entre la chimie animale et la chimie végétale. En considérant le grand nombre de principes végétaux qui renferment de l'azote, on peut même dire que cet élément est plus fréquent dans les plantes que dans les animaux. Au reste, les mots *chimie animale* et *chimie végétale* ne désignent que des chapitres particuliers de la chimie appliquée à la physiologie.

Les lois de combinaison des composés organiques sont identiquement les mêmes que celles des séries précédentes : on y rencontre aussi des acides, des sels, des anhydrides, des alcaloïdes, des amides, dont les propriétés sont entièrement semblables à celles des composés correspondants de la nature minérale. Les définitions restent les mêmes ; nous n'avons rien à y changer. Seulement, outre les fonctions chimiques qu'on rencontre dans les séries minérales, les combinaisons carbonées peuvent en remplir d'autres, qui n'ont jusqu'à présent pas d'analogues dans ces dernières. Ainsi, les alcools, les aldéhydes, les éthers, les glycérides, sont des composés, qui, d'après leur définition même, ne peuvent appartenir qu'à la série du carbone.

Ce qui démontre, d'ailleurs, que la chimie organique n'est pas différente de la chimie minérale, c'est la reproduction artificielle d'un grand nombre de substances d'origine végétale ou animale, à l'aide des mêmes agents de décomposition employés dans les autres séries.

Aujourd'hui le chimiste n'extrait plus des fourmis l'acide que ces insectes sécrètent et qui porte leur nom ; il trouve plus d'avantage à le préparer avec le sucre, la fécule ou la gomme. Rarement il extrait encore des *oxalis* ou des *rumex* l'acide oxalique employé dans la fabrication des toiles peintes; car le sucre, la fécule ou la gomme peuvent le lui fournir plus promptement et à meilleur compte. Avec le sang, la corne ou la chair, il fabrique des cyanures, et avec ceux-ci l'urée, ce principe dont l'extraction directe de l'urine exige des opérations si longues et si repoussantes. Avec la cire, il peut faire l'acide de la graisse d'homme et de mouton, l'acide du succin, l'acide contenu dans le beurre rance. Avec le succin et l'acide nitrique, il obtient le camphre des laurinées. Le chimiste peut aussi transformer en sucre la fécule, le bois, la gomme, le principe amer des saules ; en essence d'amandes amères, en acide benzoïque, le blanc d'œuf, la fibre musculaire, la colle-forte ; en acide butyrique, le sucre ; en essence d'ulmaire, le principe cristallisable des saules et des peupliers.

Ces métamorphoses si curieuses s'effectuent presque toujours par des procédés semblables. Le chimiste les détermine en soumettant des molécules complexes, renfermant un grand nombre d'atomes de carbone, d'hydrogène et d'autres éléments combustibles, à une décomposition partielle, ayant pour effet d'en éliminer une certaine quantité de carbone, d'hydrogène ou d'azote, sous forme d'eau, d'acide carbonique ou d'ammoniaque. Il simplifie ainsi les molécules carbonées, en les scindant en deux ou en plusieurs autres molécules. Les agents qui provoquent cette scission, sont généralement l'acide nitrique, la potasse caustique, le chlore sous l'influence de l'eau, l'acide chromique, et la plupart des autres corps oxygénants.

Dans ces métamorphoses, la chimie suit donc une

marche opposée à celle de la végétation. Là, l'acide carbonique, l'eau, l'ammoniaque se réunissent en groupes plus complexes, pour former la matière ligneuse, les huiles grasses, les substances sucrées, les essences, ou les substances albuminoïdes destinées à l'entretien du règne animal.

Sans doute, le chimiste peut aussi, dans un petit nombre de cas, compliquer les molécules carbonées, et en réunir deux ou trois pour en former une seule; mais ce mode de recomposition, d'une réussite rare, est loin d'être aussi pratique que le procédé inverse, par lequel on scinde quelquefois une molécule complexe en dix, vingt ou trente molécules plus simples. Aussi, ne faut-il pas s'étonner que la chimie ne sache pas produire la matière cérébrale, ni les principes du sang, ni d'autres substances aussi complexes, puisque c'est avec elles précisément et les agents de combustion que s'obtiennent, dans nos laboratoires, les substances moins carbonées ou moins hydrogénées, c'est-à-dire, des molécules d'une constitution plus simple.

Voici un exemple qui fera mieux comprendre notre idée. La molécule de la cire peut se représenter par

$$C^{19}H^{38}O;$$

soumise à l'action de l'acide nitrique, elle donne une série de composés moins carbonés et moins hydrogénés, tels que :

$$L'acide\ margarique\dots\dots\dots\ C^{17}H^{34}O^2,$$
$$L'acide\ subérique\dots\dots\dots\ C^8H^{14}O^4,$$
$$L'acide\ adipique\dots\dots\dots\ C^6H^{10}O^4.$$
$$L'acide\ succinique\dots\dots\dots\ C^4H^6O^4.$$

Ces produits, soumis à l'action de la potasse fondue, donnent :

$$L'acide\ valérianique\dots\dots\ C^5H^{10}O^2,$$
$$L'acide\ acétique\dots\dots\dots\ C^2H^4O^2,$$
$$L'acide\ formique\dots\dots\dots\ CH^2O^2.$$

Ces derniers, à leur tour, fournissent par l'intermédiaire de l'ammoniaque :

$$L'acide\ hydrocyanique\dots\dots\ CHN$$
$$L'urée\dots\dots\dots\dots\ CH^4N^2O\ ;$$

enfin, sous l'influence de l'oxyde de cuivre et d'une chaleur rouge, tous ces corps donnent du gaz carbonique CO^2 et de l'eau OH^2.

Voilà donc un grand nombre de molécules plus simples, produites avec la cire. Mais, s'agit-il de refaire la cire avec l'acide margarique ou succinique, avec l'acide hydrocyanique ou l'urée ; s'agit-il de fixer de nouveau sur ces molécules simples le carbone ou l'hydrogène enlevés à la cire sous forme d'eau ou de gaz carbonique, la chimie actuelle est entièrement impuissante. Les végétaux possèdent encore seuls le secret de reconstituer une molécule si complexe avec les produits de sa combustion.

142. Comme les combinaisons du carbone sont bien plus nombreuses que celles des séries précédentes, il est nécessaire de les disposer dans un certain ordre, qui indiquent ces relations entre les molécules complexes et les molécules plus simples. Il est avantageux d'en construire une espèce d'*échelle*, où les corps sont disposés dans l'ordre de leur simplicité, où, par conséquent, les molécules les plus complexes occupent les échelons supérieurs, en descendant progressivement vers la base formée par les produits ultimes de toute combustion, eau et acide carbonique. On constate alors des rapports très-remarquables entre certaines combinaisons différemment composées, mais présentant les mêmes fonctions chimiques.

Notons ces combinaisons d'une manière uniforme, en représentant les corps volatils par le même nombre de volumes, et les composés fixes qui en dérivent, par des formules semblables (a).

Sur un échelon on trouve, par exemple, les corps suivants :

CH^4O esprit de bois ou alcool méthylique (2 vol.).
CH^2 gaz méthylène.
CH^2O^2 acide formique.
CH^4SO^4 acide sulfométhylique.
CH^3Cl éther hydrochlométhylique.

(a) Nous avons déjà insisté (25) sur les relations qui existent entre les quantités d'hydrogène , d'azote , d'arsenic , de phosphore et de corps halogènes contenues dans les substances carbonées volatiles.

Dans la notation que nous avons adoptée pour les composés organiques en général, 1 éq. d'un acide monobasique est représenté par la quantité renfermant H basique. Elle correspond à 2 volumes de vapeur.

Les dérivés non-binômes sont représentés par le même nombre de volumes ; dans le cas où ils sont fixes, nous prenons pour équivalent la quantité fournie par 1 éq. d'acide monobasique.

Les acides bibasiques n'étant pas volatils sans décomposition , cette règle ne saurait leur être appliquée ; mais ils donnent, par la décomposition , des anhydrides volatils. Nous prenons alors pour formule la quantité qui fournit 2 volumes d'anhydride. D'après cela, les acides bibasiques sont notés avec H^2.

De même les acides tribasiques sont notés avec H^3.

Cette notation , très-régulière , exclut nécessairement les formules dans lesquelles la somme des coefficients de l'hydrogène, de l'azote , du phosphore , de l'arsenic , des halogènes et des métaux ne serait pas un nombre pair.

La plupart des chimistes se servent de formules où les coefficients sont le double des nôtres ; mais toutes ces formules, quand elles sont exactes, se laissent dédoubler pour rentrer dans notre notation.

Ces composés sont susceptibles de se transformer les uns dans les autres. L'expérience indique que l'esprit de bois se convertit en méthylène par l'élimination des éléments de l'eau OH^2; en acide formique, par la perte de H^2 et la fixation de O, sous l'influence des corps oxygénants; en acide sulfométhylique, par la fixation de SO^3; en éther hydrochlométhylique, par la fixation de ClH et l'élimination de OH^2.

D'un autre côté, un échelon supérieur présente la série suivante :

C^2H^6O esprit de vin ou alcool vinique (2 vol.)
C^2H^4 gaz oléfiant.
$C^2H^3O^2$ acide acétique.
$C^2H^6SO^4$ acide sulfovinique.
C^2H^3Cl éther hydrochlorique.

Or, pour se convertir en gaz oléfiant, qui est un hydrogène carboné comme le méthylène, 2 volumes d'esprit de vin éliminent OH^2, comme l'esprit de bois; comme lui, ils perdent H^2 et gagnent O pour devenir acide; comme lui, ils fixent SO^3 pour se transformer en acide copulé; comme lui, enfin, ils fixent ClH et éliminent OH^2 pour se convertir en un éther particulier.

Prenons une troisième série :

$C^5H^{12}O$ huile de pommes de terre ou alcool amil. (2 vol.).

C^5H^{10} amilène.

$C^5H^{10}O^2$ acide valérianique.

$C^5H^{12}SO^4$ acide sulfamilique.

$C^5H^{11}Cl$ éther hydrochloramilique.

Ici encore les mêmes relations se présentent entre l'huile de pommes de terre, son hydrocarbure, ses acides, son éther.

Prenons enfin une quatrième série, plus élevée encore dans l'échelle :

$C^{16}H^{34}O$ éthal ou alcool cétique.

$C^{16}H^{32}$ cétène.

$C^{16}H^{32}O^2$ acide cétique ou palmitique.

$C^{16}H^{34}SO^4$ acide sulfocétique.

$C^{16}H^{33}Cl$ éther hydrochlocétique.

Les mêmes rapports s'observent entre l'éthal et ses dérivés, qu'entre l'alcool vinique, l'esprit de bois ou l'huile de pommes de terre et les autres combinaisons.

Les formules suivantes font ressortir ces analogies :

$$
\begin{array}{lll}
CH^4O & \text{esprit de bois} & = \quad CH^2 + OH^2 \\
C^2H^6O & \text{esprit de vin} & = 2(CH^2) + OH^2 \\
C^5H^{12}O & \text{huile de p. de terre} = 5(CH^2) + OH^2 \\
C^{16}H^{34}O & \text{éthal} & = 16(CH^2) + OH^2
\end{array}
\qquad \left.\begin{array}{c} \\ \\ \\ \end{array}\right\} \text{Série homologue.}
$$

$$
\begin{array}{lll}
CH^2 & \text{méthylène} & = \quad CH^2 \\
C^2H^4 & \text{gaz oléfiant} & = 2(CH^2) \\
C^5H^{10} & \text{amilène} & = 5(CH^2) \\
C^{16}H^{32} & \text{cétène} & = 16(CH^2)
\end{array}
\qquad \left.\begin{array}{c} \\ \\ \\ \end{array}\right\} \text{Série homologue.}
$$

25.

$$CH^2O^2 \quad \text{acide formique} \quad = \quad CH^2 + O^2$$
$$C^2H^4O^2 \quad\; — \quad \text{acétique} \quad = 2(CH^2) + O^2$$
$$C^5H^{10}O^2 \quad\; — \quad \text{valérianiq.} \quad = 5(CH^2) + O^2$$
$$C^{16}H^{32}O^2 \quad\; — \quad \text{cétique} \quad\;\; = 16(CH^2) + O^2$$
Série homologue.

$$CH^4SO^4 \quad \text{acide sulfomét.} = \quad CH^2 + SO^4H^2$$
$$C^2H^6SO^4 \quad\; — \quad \text{sulfoviniq.} = 2(CH^2) + SO^4H^2$$
$$C^5H^{12}SO^4 \quad\; — \quad \text{sulfamiliq.} = 5(CH^2) + SO^4H^2$$
$$C^{16}H^{34}SO^4 \quad\; — \quad \text{sulfocétiq.} = 16(CH^2) + SO^4H^2$$
Série homologue.

$$CH^3Cl \quad \text{éther hydrochlométh.} = \quad CH^2 + ClH$$
$$C^2H^5Cl \quad\; — \quad \text{hydrochlorique.} = 2(CH^2) + ClH$$
$$C^5H^{11}Cl \quad\; — \quad \text{hydrochloramil.} = 5(CH^2) + ClH$$
$$C^{16}H^{33}Cl \quad\; — \quad \text{hydrochlocétiq.} = 16(CH^2) + ClH$$
Série homolog.

Et non-seulement, dans chaque échelon, les carbures
d'hydrogène, les acides, les éthers résultent de leur
alcool respectif ; mais , si ces produits sont , à leur
tour, soumis aux mêmes agents, leurs métamorphoses
s'effectuent encore d'après la même loi , et donnent
naissance à des corps remplissant des fonctions chimiques semblables. Souvent cette similitude se
traduit dans les caractères physiques ; ainsi , l'acide
acétique, l'acide formique et l'acide valérianique
sont liquides à la température ordinaire , et se volatilisent d'autant plus vite, que leur molécule est
moins complexe ; l'acide cétique ou palmitique ,
quoique ordinairement solide , peut être liquéfié par

une très-faible chaleur, et se volatilise également sans altération.

143. Voici deux autres séries, dans lesquelles les métamorphoses s'effectuent aussi d'après la même loi, pour donner naissance à des composés semblables :

C^7H^6O	aldéhyd. benz. (2 vol.)	$C^{10}H^{12}O$	aldéh. cumin. (2 vol.)
$C^7H^6O^2$	acide benzoïque.	$C^{10}H^{12}O^2$	acide cuminiq.
C^7H^5ClO	benzoïl. chloré.	$C^{10}H^{11}ClO$	cuminol chloré.
C^6H^6	benzène.	C^9H^{12}	cumène.
$C^6H^5NO^2$	nitrobenzène.	$C^9H^{11}NO^2$	nitrocumène.
C^6H^7N	aniline.	$C^9H^{13}N$	cumidine.

L'aldéhyde benzoïque (essence d'amandes amères) devient acide benzoïque en fixant O ; la transformation de l'aldéhyde cuminique (essence de cumin) en acide cuminique, a lieu d'après la même loi. En perdant CO^2, l'acide benzoïque devient un hydrocarbure. Sous l'influence de l'acide nitrique, celui-ci élimine H^2 et fixe NO^2H (41) ; le nouveau produit, soumis à l'action de l'hydrogène sulfuré (96), se transforme en un alcaloïde semblable à l'ammoniaque. Soumettez aux mêmes agents de décomposition l'acide cuminique, et vous aurez un hydrocarbure, un corps nitré, un alcaloïde, entièrement semblables aux composés correspondants produits par l'acide benzoïque.

Cette analogie se traduit dans la composition des deux séries, de la manière suivante :

C^7H^6O aldéhyd. benzoïq. $= 7(CH^2) - H^8 + O.$) Corps
$C^{10}H^{12}O$ —   cuminiq. $= 10(CH^2) - H^8 + O.$) homolog.

$C^7H^6O^2$ acide   benzoïq. $= 7(CH^2) - H^8 + O^2.$) Corps
$C^{10}H^{12}O^2$ —   cuminiq. $= 10(CH^2) - H^8 + O^2.$) homolog.

C^7H^5ClO benzoïl. chloré $= 7(CH^2) - H^{10} + HCl + O.$) Corps
$C^{10}H^{11}ClO$ cuminol chloré $= 10(CH^2) - H^{10} + HCl + O$) homol.

C^6H^6 benzène $= 6(CH^2) - H^6.$) Corps
C^9H^{12} cumène $= 9(CH^2) - H^6.$) homolog.

$C^6H^5NO^2$ nitrobenzène $= 6(CH^2) - H^7 + NO^2.$) Corps
$C^9H^{11}NO^2$ nitrocumène $= 9(CH^2) - H^7 + NO^2.$) homolog.

C^6H^7N aniline $= 6(CH^2) - H^8 + NH^3.$) Corps
$C^9H^{13}N$ cumidine $= 9(CH^2) - H^8 + NH^3.$) homolog.

144. On voit, d'après ce qui précède, qu'il existe des substances carbonées, remplissant les mêmes fonctions chimiques, suivant les mêmes lois de métamorphose et renfermant dans leur molécule n fois CH^2 plus ou moins la même quantité des mêmes éléments, hydrogène, oxygène, chlore, azote, etc. Je leur donne le nom de *substances homologues*.

Deux ou plusieurs corps homologues donnent, en se métamorphosant par le même agent, de nouvelles substances homologues entre elles.

Il suffit donc de connaître l'histoire chimique d'un seul terme dans une série homologue , pour en déduire, *à priori*, l'histoire des autres termes. Connaissant , par exemple , les métamorphoses de l'esprit de vin et de ses dérivés , on peut prédire celles de l'esprit de bois, de l'huile de pommes de terre et de tous leurs homologues ; de même , les métamorphoses de l'essence d'amandes amères indiquent d'avance celles de l'essence de cumin et d'autres homologues.

Malheureusement la science présente encore de nombreuses lacunes , et l'on ne connaît qu'un petit nombre de séries homologues ; ensuite, elle n'a pas encore approfondi les conditions propres à effectuer tous les genres de métamorphoses indiquées par l'homologie. Ainsi, tandis qu'elle sait fort bien appliquer les agents de combustion (141) , elle ne possède que des données très-incomplètes sur les moyens inverses ; elle sait , par exemple , convertir les alcools en leurs acides respectifs, sans pouvoir régénérer les alcools par les acides.

Pour beaucoup de corps , on ne connaît qu'un ou deux homologues, et la plupart des autres sont entièrement isolés.

145. Quoi qu'il en soit, voici quelques séries homologues qui méritent d'être connues :

1° Les alcools $nCH^3 + OH^2$ (85), ainsi que leurs éthers formés par le même acide.

2° Les hydrocarbures nCH^2 correspondant aux alcools :

CH^2	méthylène.
C^2H^4	gaz oléfiant.
C^3H^6	inconnu.
C^4H^8	butyrène ou quadricarbure de Faraday.
C^5H^{10}	amilène.
C^6H^{12}	oléène.
C^7H^{14}	inconnu.
C^8H^{16}	naphtène.
C^9H^{18}	élaène.
$C^{10}H^{20}$	paramilène.
$C^{11}H^{22}$	inconnu.
$C^{12}H^{24}$	naphtole.
. . . . .	
$C^{16}H^{32}$	cétène.
. . . . .	
$C^{20}H^{40}$	hévéène.

(Chacun des hydrogènes carbonés placés dans cette série doit fixer Cl^2 ou Br^2 sous l'influence du chlore ou du brôme ; ce fait a déjà été démontré expérimentalement pour trois ou quatre termes.)

3° Les hydrocarbures $nCH^2 — H^6$:

C^6H^6	benzène.
C^7H^8	toluène ou benzoène.
C^8H^{10}	inconnu.

C^9H^{12} cumène.

$C^{10}H^{14}$ cymène.

. . . . .

$C^{15}H^{24}$ paracamphène.

4° Les alcaloïdes $nCH^2 — H^8 + NH^3$:

C^6H^7N aniline.

C^7H^9N toluidine.

$C^8H^{11}N$ inconnu.

$C^9H^{13}N$ cumidine.

5° Les aldéhydes $nCH^2 + O$:

C^2H^4O aldéhyde acétique ou acétol.

C^3H^6O —   métacétique.

C^4H^8O —   butyrique ou butyral.

$C^5H^{10}O$ —   valérique ou valéral.

$C^6H^{12}O$ —   inconnu.

$C^7H^{14}O$ —   œnanthylique ou œnanthol.

$C^8H^{16}O$ —   inconnu.

$C^9H^{18}O$ —   inconnu.

$C^{10}H^{20}O$ —   caprique, dans l'essence de rue.

. . . . .

$C^{16}H^{32}O$ —   cétique, dans le blanc de baleine.

. . . . .

$C^{19}H^{38}O$ —   stéarique, dans la cire des abeilles.

. . . . .

$C^{24}H^{48}O$ —   cérosique, dans la cire de la canne
                          à sucre.

6° Les aldéhydes $nCH^2 — H^8 + O$:

C^7H^6O aldéhyde benzoïque, dans l'essence d'aman-
                          des amères.

. . . . .

$C^{10}H^{12}O$ —   cuminiq., dans l'essence de cumin.

7º Les acides unibasiques $nCH^2 + O^2$:

CH^2O^2 acide formique.

$C^2H^4O^2$ —   acétique.

$C^3H^6O^2$ —   métacétique ou propionique.

$C^4H^8O^2$ —   butyrique.

$C^5H^{10}O^2$ —   valérianique.

$C^6H^{12}O^2$ —   caproïque.

$C^7H^{14}O^2$ —   œnanthyliq. ou azoléiq.

$C^8H^{16}O^2$ —   caprylique.

$C^9H^{18}O^2$ —   pélargonique.

$C^{10}H^{20}O^2$ —   caprique.

$C^{11}H^{22}O^2$ —   cocostéariq. ou cociniq.

$C^{12}H^{24}O^2$ —   laurostéariq. ou lauriq.

$C^{13}H^{26}O^2$ —   inconnu.

$C^{14}H^{28}O^2$ —   myristique.

$C^{15}H^{30}O^2$ —   bénique.

$C^{16}H^{32}O^2$ —   cétiq., éthaliq., ou palmitiq.

$C^{17}H^{34}O^2$ —   margarique.

$C^{18}H^{36}O^2$ —   anamirtique.

$C^{19}H^{38}O^2$ —   stéarique.

(A chacun de ces acides correspondent des corps comme l'esprit de vin, l'acide sulfovinique, le gaz oléfiant, etc. A mesure qu'ils se compliquent, leur point d'ébullition s'élève (à peu près de n fois 19º pour nCH^2); ceux du bas de l'échelle sont liquides à la température ordinaire, et leur point de solidification s'élève aussi dans le même sens.)

8º Les acides unibasiques $nCH^2 - H^2 + O^2$:

$C^3H^4O^2$ acide acrylique.

$C^5H^8O^2$ —   angélique.

$C^6H^{10}O^2$ —   pyrotérébique.

. . . . .   —

$C^{10}H^{18}O^3$ acide campholique.

$C^{15}H^{28}O^2$ —   moringique.

$C^{18}H^{34}O^2$ —   oléique.

9° Les acides unibasiques $nCH^2 - H^8 + O^2$:

$C^7H^6O^2$ acide benzoïque.

$C^8H^8O^2$ —   toluique.

$C^9H^{10}O^2$ —   inconnu.

$C^{10}H^{12}O^2$ —   cuminique.

10° Les acides bibasiques $nCH^2 - H^2 + O^4$:

$C^2H^2O^4$ acide oxalique.

$C^3H^4O^4$ —   inconnu.

$C^4H^6O^4$ —   succinique.

$C^5H^8O^4$ —   pyrotartrique.

$C^6H^{10}O^4$ —   adipique.

$C^7H^{12}O^4$ —   pimélique.

$C^8H^{14}O^4$ —   subérique.

$C^9H^{16}O^4$ —   inconnu.

$C^{10}H^{18}O^4$ —   sébacique.

11° Les amides $nCH^2 + NH + O$ produites par les acides de la septième série homologue :

C^2H^3NO acétamide.

C^3H^7NO métacétamide.

C^4H^9NO butyramide.

$C^{17}H^{35}NO$ margaramide.

146. *Fermentations.* — Les substances carbonées très-complexes, placées dans le haut de l'échelle, se dédoublent souvent par la seule présence d'autres corps qui, cependant, ne leur empruntent ni ne leur cèdent aucun élément.

Les agents susceptibles de provoquer de semblables métamorphoses, portent le nom de *ferments*. Certaines matières organiques azotées, fort altérables, telles que la fibrine, le blanc d'œuf, la gélatine, remplissent souvent ce rôle de ferments, à l'égard d'autres substances organiques. Elles y excitent la fermentation, par l'effet de l'ébranlement moléculaire qu'elles communiquent, en se décomposant elles-mêmes, aux substances placées en contact avec elles.

Il faut donc distinguer le ferment ou la substance active, et la substance fermentescible ou putrescible qui éprouve une altération par son contact avec la première.

On a cru, pendant long-temps, que les substances organiques, les sucs végétaux et les parties animales se putréfiaient d'elles-mêmes, se décomposaient spontanément, dès qu'elles étaient privées de vie ou soustraites à l'influence de la végétation. Mais on n'avait pas tenu compte de l'action de l'oxygène atmosphérique, qui est évidemment la cause première de ces métamorphoses.

Les sucs végétaux, le jus de raisin, le sang, le lait, la chair des animaux, et, en général, tous les liquides organiques qui ont la propriété de se corrompre, de fermenter ou de se putréfier, renferment certains principes azotés (albumine, fibrine, caséine), que l'oxygène de l'air attaque immédiatement, dès qu'il les rencontre en présence de l'humidité et d'une température moyenne. Les sucs végétaux les plus sujets à s'altérer, se conservent parfaitement à l'abri du contact de l'air; de même, les viandes de toute espèce, les légumes les plus sujets à se corrompre, si on les renferme dans des vases hermétiquement fermés, après les avoir chauffés jusqu'à l'ébullition de l'eau, de manière à les dépouiller de tout l'air.

Voilà donc l'oxygène de l'air qui est la cause déterminante de la décomposition des substances organisées, capables d'agir comme ferments. Or, dans tout corps qui se décompose, qui se métamorphose, les molécules sont dans un état de mouvement, dans un état d'ébranlement. Ces molécules, si elles se trouvent en contact avec celles d'un autre corps, peuvent évidemment les mettre aussi en mouvement, c'est-à-dire, en décomposition. Ne sait-on pas, en effet, que le frottement, le choc, l'ébranlement mécaniques suffisent souvent à provoquer la décomposition de certains corps ? Une métamorphose chimique, où l'ébranlement moléculaire est nécessairement plus intime, ne doit-elle pas, à plus forte raison, exercer de semblables effets sur des corps en contact avec la molécule qui se métamorphose ?

Il est donc naturel d'admettre que les ferments peuvent, au moment de s'altérer, provoquer la métamorphose d'une autre substance, sans intervenir d'une manière directe dans la formation de ses produits. Ainsi, la levûre de bière détermine la fermentation de l'eau sucrée, sans qu'il entre aucun des éléments de la levûre dans la composition de l'alcool ou du gaz carbonique.

Les matières carbonées fort oxygénées et fixes sont les plus sensibles à l'action des ferments. Lorsqu'on met ces substances en contact avec un ferment, sous l'influence de l'eau et d'une température convenable, elles se dédoublent ordinairement en deux ou en plusieurs substances, placées plus bas dans l'échelle organique.

Ainsi, par exemple, le sucre $C^{12}H^{22}O^{11}$ donne, soit de l'alcool C^2H^6O et du gaz carbonique CO^2, soit de l'acide butyrique $C^4H^8O^2$, de l'hydrogène et du gaz carbonique, soit enfin de l'acide lactique $C^6H^{12}O^6$:

$$C^{12}H^{22}O^{11} + OH^2 = 4[CO^2 + C^2H^6O]$$
$$= 4CO^2 + 2C^4H^8O^2 + H^8$$
$$= 2C^6H^{12}O^6.$$

Les ferments ramènent donc les matières organiques complexes à des formes plus simples ; ils agissent dans le sens des agents de combustion, et, sous ce rapport, ils sont très-précieux, puisque le chimiste peut, à leur aide, métamorphoser des molécules placées dans le haut de l'échelle, en d'autres plus simples. Les agents oxygénants déterminent souvent une oxydation trop brusque, en ajoutant de l'oxygène à celui qui se trouve déjà dans les corps, de sorte qu'au lieu d'être graduelles et presque insensibles, les combustions donnent alors des produits fort éloignés des substances primitives.

Les ferments sont généralement des substances dépourvues de forme géométrique ; comment, d'ailleurs, seraient-ils capables de cristalliser, de prendre une forme régulière, leurs éléments se trouvant dans un état de conflit, dans un état de transposition continuelle ? Tantôt liquides, tantôt solides, ils n'agissent, comme nous l'avons dit, qu'au moment de se décomposer eux-mêmes.

26.

147. Nous allons maintenant passer en revue les principaux types carbonés, en les groupant ensemble suivant leurs métamorphoses les plus rapprochées ; nous nous bornerons aux composés les mieux étudiés.

Groupe formique. — Il contient les combinaisons carbonées les plus simples, auxquelles on peut ramener tous les composés des échelons supérieurs :

CH^4	formène (gaz des marais), avec les espèces chlorées et bromées.
CH^4O	esprit de bois ou alcool méthylique, avec les éthers correspondants.
$CHO^2(M)$	formiates.
CO	oxyde de carbone, non-binôme.
CO^2	anhydride carbonique.
$CO^3(M^2)$	carbonates.
$CN(M)$	cyanures.
$CNO(M)$	cyanates.
CH^4N^2O	urée, alcaloïde.
C^2N^2	cyanogène.
$C^2O^4(M^2)$	oxalates.
$C^2H^4N^2O^2$	oxamide.
$C^3N^3O^3H(M^2)$	cyanurates.
$C^6N^6Fe^2(M^4)$	ferrocyanures.
$C^6N^6Fe\beta^3(M^3)$	ferricyanures.

Le *gaz des marais* se produit artificiellement par

la décomposition des acétates, sous l'influence de la baryte caustique et d'une température élevée. L'acide acétique renferme, d'ailleurs,

$$C^2H^4O^2 = CO^2 + CH^4.$$

Sous l'influence des corps halogènes, le gaz des marais donne des corps dérivés par substitution, parmi lesquels nous citerons le chloroforme ou formène trichloré $CHCl^3$. Celui-ci, par l'action des alcalis hydratés, donne du chlorure et du formiate :

$$CHCl^3 + 2OH^2 = CH^2O^2 + 3ClH.$$

L'*alcool méthylique* est un produit de la distillation sèche de la cellulose du bois ; les agents oxygénants le convertissent en acide formique.

Les *formiates* se produisent dans une foule de circonstances. On les obtient par l'oxydation des matières organiques de toute espèce, à l'aide de l'acide chromique, de la potasse, ou d'un mélange de peroxyde de manganèse et d'acide sulfurique. Quand on chauffe un formiate avec de l'acide sulfurique concentré, il dégage de l'*oxyde de carbone* pur :

$$CH^2O^2 = CO + OH^2.$$

L'acide formique réduit par l'ébullition les nitrates de mercure et d'argent ; chauffé avec une solution de chlorure mercurique, il produit du chlorure mercureux insoluble. Dans ces circonstances, l'acide formique passe à l'état d'anhydride carbonique. On a, en effet :

$$CH^2O^2 + 2NO^3(Ag) = CO^2 + 2NO^3(H) + 2Ag.$$
$$CH^2O^2 + 4Cl(Hg) = CO^2 + 2Cl(H) + 2Cl(Hg^2).$$

Or, $Cl(Hg^2)$ équivaut à $Cl(Hg\alpha)$. (Voir 39.)

L'oxyde de carbone donne également, par la combustion, de l'anhydride carbonique; le chlore le convertit en *anhydride chlorocarbonique* $COCl^2$. *L'anhydride sulfocarbonique* CS^2 se produit directement par le soufre et le charbon, à une température élevée. Au reste, le charbon soit libre, soit combiné, donne toujours de l'anhydride carbonique, toutes les fois qu'il rencontre l'oxygène en quantité suffisante, à une température élevée.

En fixant les éléments d'un oxyde, l'anhydride carbonique devient carbonate.

Les *carbonates* se reconnaissent aisément, en ce qu'ils produisent une effervescence de gaz CO^2, quand on y verse de l'acide hydrochlorique ou sulfurique étendu d'eau. Le gaz est sans odeur et précipite l'eau de chaux.

Ceux à base de Ba, Na et K sont les seuls qui ne

soient pas décomposés par le feu ; ceux à base de Ca et de Sr exigent, pour se décomposer, une chaleur extrêmement forte. Tous les autres se décomposent en oxyde et en CO_2 ; bien entendu, si l'oxyde n'est lui-même pas stable dans ces circonstances, il se modifie à son tour.

L'eau ne dissout que les carbonates neutres de K, de Na et d'ammoniaque, les autres y sont insolubles ; toutefois, les carbonates de Mg, de Ca, et la plupart des autres, s'y dissolvent à la faveur d'un excès d'acide carbonique. On sait que les eaux minérales acidules ou gazeuses renferment en dissolution du bicarbonate calcique.

On connaît aussi des *sulfocarbonates* ou carbonates sulfurés, dans lesquels O^3 est remplacé par S^3. Ils se produisent par la combinaison directe de l'anhydride sulfocarbonique avec les sulfures.

148. Les *cyanures* se produisent, en général, lorsqu'on calcine des matières organiques azotées avec des alcalis. L'acide prussique ou hydrocyanique en représente l'espèce normale ; il se produit, entre autres, par l'action de la chaleur sur le formiate ammonique :

$$CH^2O^2, NH^3 \text{ ou } CHO^2(H, NH^3) = CN(H) + 2OH^2.$$

Quand on fait passer du gaz ammoniac sur du charbon chauffé au rouge, il se développe du gaz hydrogène, et l'on obtient du cyanure ammonique (acide prussique plus ammoniaque) :

$$2NH^3 + C = H^2 + CNH, NH^3$$
$$= H^2 + CN(H, NH^2).$$

L'acide prussique se forme aussi dans la fermentation des amandes amères, par l'effet du dédoublement d'une substance azotée, connue sous le nom d'*amygdaline*. Les eaux distillées obtenues avec les feuilles et les fleurs du laurier-cerise ou du pêcher, avec les amandes amères de l'amandier, du pêcher, de l'abricotier, du cerisier et d'autres arbres à noyau, renferment aussi une certaine quantité d'acide prussique, due à la décomposition de l'amygdaline.

Les cyanures ont une grande analogie avec les chlorures et les bromures. Ceux à base de métaux alcalins résistent à l'action de la chaleur, sans se décomposer, et sont fort solubles dans l'eau. Leur solution précipite en blanc caillebotté les sels d'argent ; le précipité de cyanure de Ag donne par la chaleur du *cyanogène* gazeux. Ce cyanure de Ag est

insoluble dans les acides sulfurique et nitrique étendus ; mais il se dissout dans l'ammoniaque et dans
les cyanures alcalins. Le cyanure de K réduit un
grand nombre d'oxydes métalliques, sous l'influence
d'une température élevée. L'oxyde ferrique fondu
avec lui se réduit très-vite ; lorsqu'on saupoudre du
cyanure de K, maintenu en fusion, avec de l'oxyde
cuivrique, celui-ci se réduit avec ignition. Chauffé
avec du chlorate ou du nitrate de K, le cyanure de K
produit une forte détonation.

Les cyanures solubles se comportent d'une manière particulière avec les sels ferreux. Lorsqu'on
mélange une solution de sulfate ferreux avec du
cyanure potassique, on obtient un précipité orangé,
qui se dissout dans un excès de cyanure, avec une
couleur jaune ; le produit est cristallisable et constitue le *ferrocyanure potassique*, type salin nouveau,
dans lequel le fer n'est plus contenu à l'état de
métal :

$$4CN(K) + 2CN(Fe) = C^6N^6Fe^2(K^4).$$

Ce sel donne des réactions particulières avec les
sels ferreux et les sels ferriques (63). Le *ferricyanure*
de potassium appartient à un autre genre salin, qu'on
obtient en faisant passer du chlore dans le ferrocya-

nure ; il se produit alors un sel rouge renfermant moins de potassium que le ferrocyanure :

$$C^6 N^6 Fe^2 (K^4) + Cl = Cl(K) + C^6 N^6 Fe^2 (K^3).$$

Or, $C^6 N^6 Fe^2 (K^3)$ équivaut à $C^6 N^6 Fe\beta^3 (K^3)$. (Voir 39.)

On peut, en opérant avec précaution, obtenir, par double décomposition, les acides des genres ferrocyanure et ferricyanure (acides ferrocyanhydrique et ferricyanhydrique) ; mais si l'on chauffe ces sels avec de l'acide sulfurique concentré, ils se dédoublent de nouveau, et dégagent de l'acide prussique, comme le feraient les cyanures.

Abandonnés en dissolution aqueuse, les cyanures alcalins régénèrent peu à peu des formiates, en produisant de l'ammoniaque :

$$CN(H) + 2OH^2 = CHO^2(H) + NH^3.$$

Les *cyanates* se produisent par la calcination des cyanures alcalins au contact des oxydes (Pb,Cu) ; ceux-ci se réduisent alors à l'état métallique. En solution aqueuse, ces sels sont fort peu stables ; ils s'assimilent alors les éléments de l'eau et se convertissent en carbonates :

$$CNO(H) + 2OH^2 = CO^3(H^2) + NH^3.$$

Cette métamorphose est très-prompte en présence

des alcalis ou des acides concentrés. Les cyanates secs, délayés dans un acide, dégagent l'odeur vive et pénétrante de l'acide cyanique.

Le cyanate ammonique éprouve une métamorphose remarquable, quand on porte en ébullition sa dissolution aqueuse; il éprouve alors une transposition moléculaire (32) qui a pour effet la formation de l'*urée*, alcaloïde particulier, qui existe à l'état libre dans l'urine des mammifères. Sous l'influence des acides et des acides très-concentrés, l'urée se comporte, d'ailleurs, comme les cyanates; elle se métamorphose alors en CO^2 et en ammoniaque NH^3 :

$$CH^4N^2O + OH^2 = CO^2 + 2NH^3.$$

Le nitrate d'urée est le sel le plus caractéristique de cet alcaloïde; il est peu soluble dans l'eau froide, et se sépare à l'état cristallin par l'addition de l'acide nitrique à une solution d'urée.

Il existe aussi des *sulfocyanures* ou cyanates sulfurés, dans lesquels S remplace O. Ils se produisent par l'action directe du soufre sur les cyanures alcalins. Quand on fait bouillir un sulfocyanure avec de l'acide hydrochlorique concentré, il se produit, suivant la concentration des liquides, de l'anhydride carbonique ou sulfocarbonique, du sulfure hydrique et de l'ammoniaque; cette dernière reste en combinaison avec l'acide hydrochlorique :

$$CNSH + 2OH^2 = CO^2 + SH^2 + NH^3.$$
$$2(CNSH) + 2OH^2 = CO^2 + CS^2 + 2NH^3.$$

Tous les sulfocyanures solubles colorent en rouge foncé les sels ferriques.

Quant aux *cyanurates*, ils représentent des polymères (32) des cyanates. On obtient l'acide cyanurique en distillant l'urée; distillé à son tour, l'acide cyanurique se dédouble de nouveau en acide cyanique. Les cyanurates sont plus stables que les cyanates.

149. Les *oxalates* se forment par l'oxydation d'une foule de substances organiques, au moyen de l'acide nitrique, de la potasse, etc. Quand on les chauffe avec de l'acide sulfurique concentré, ils dégagent, sans noircir, volumes égaux d'oxyde de carbone et d'anhydride carbonique :

$$C^2H^2O^4 = CO^2 + CO + OH^2.$$

L'acide oxalique est l'un des acides carbonés les plus stables; néanmoins, les agents oxygénants le font aussi passer à l'état de gaz carbonique. Bouilli avec une solution de chlorure d'or, il donne de l'or métallique; il ne réduit pas le chlorure de platine.

$$C^2H^2O^4 = 2Cl(Au\beta) = 2CO^2 + 2Cl(H) + 2Au\beta.$$

L'oxalate calcique est remarquable par son insolubilité dans l'eau; l'acide oxalique précipite même la solution du sulfate de Ca.

Sous l'influence de la chaleur, l'oxalate ammonique neutre élimine les éléments de l'eau pour produire l'*oxamide* (81), ou le *cyanogène* (84), suivant le degré de la température. On a, d'ailleurs,

$$C^2O^4(H^2, N^2H^6) = 2OH^2 + \text{oxamide.}$$
$$= 4OH^2 + \text{cyanogène.}$$

A leur tour, l'oxamide et le cyanogène peuvent régénérer l'oxalate ammonique, en s'assimilant les éléments de l'eau.

150. *Groupe acétique.* — Plusieurs termes de ce groupe ont leurs homologues dans le groupe formique.

C^2H^4	gaz oléfiant ou éthérène, avec les dérivés chlorés ou bromés.
$C^2H^4Cl^2$	éthérilène bichloré ou liqueur des Hollandais, avec les dérivés chlorés et bromés.
C^2H^6	acétène, avec les dérivés chlorés et bromés.
C^2H^6O	alcool vinique, avec les éthers correspondants.
$C^2H^5SO^4(M)$	sulfovinates.

$C^2NX(M^2)$ fulminates (a).

C^2H^4O aldéhyde acétique.

$C^2H^3O^2(M)$ acétates, avec les dérivés chlorés ou chlora-cétates.

C^2H^3NO acétamide.

$C^2H^3NO^2$ glycocolle ou sucre de gélatine, alcaloïde.

$C^2H^5AsO^2$ alcargène, alcaloïde.

$C^4H^{12}As^2O$ alcarsine, alcaloïde.

$C^4H^4O^4(M^2)$ succinates.

$C^4H^4O^3$ anhydride succinique.

$C^4H^6NO^4(M)$ aspartates.

$C^4H^8N^2O^3$ asparagine.

$C^4H^4O^5(M^2)$ malates.

$C^4H^2O^2(M^2)$ fumarates et maléates.

$C^4H^4O^6(M^2)$ tartrates et paratartrates.

$C^4H^4O^5$ anhydride tartrique.

$C^6H^5O^7(M^3)$ citrates.

$C^6H^3O^6(M^3)$ aconitates.

L'*alcool vinique* est un des produits de la décomposition du glucose (groupe lactique), sous l'influence des ferments.

$$C^{12}H^{24}O^{12} = 4[CO^2 + C^2H^6O].$$

Il donne une foule d'éthers neutres et d'éthers

(a) X représente ici NO^2 (41).

acides (93). L'acide sulfovinique, espèce normale des *sulfovinates*, s'obtient par l'acide sulfurique concentré et l'alcool vinique :

$$SO^4(H^2) + C^2H^6O = C^2H^5SO^4(H) + OH^2.$$

Les sulfovinates sont des sels fort solubles et cristallisables, donnant par la distillation sèche, entre autres produits, une huile odorante, connue sous le nom d'*huile de vin*. De même, ils donnent du *gaz oléfiant* C^2H^4; au reste,

$$C^2H^5SO^4(H) = C^2H^4 + SO^4(H^2).$$

Traité par l'acide nitrique, en présence du nitrate d'argent, l'alcool donne le sel argentique du type *fulminate*, qui a la propriété de faire explosion par la chaleur, comme c'est le cas de la plupart des corps dans la composition desquels entrent les éléments nitriques (41).

Sous l'influence du chlore, le gaz oléfiant fixe Cl^2 et produit la *liqueur des Hollandais*, laquelle se dédouble par l'action des alcalis, pour donner du chlorure et l'espèce chlorée du même genre que le gaz oléfiant :

$$C^2H^4Cl^2 = Cl(H) + C^2H^3Cl.$$

On connaît, d'ailleurs, plusieurs autres corps chlorés, dérivant par substitution, soit du gaz oléfiant, soit de la liqueur des Hollandais. Le *perchlorure de carbone* C^2Cl^6 de la chimie dualistique n'est autre chose que la liqueur des Hollandais perchlorée. Toutes les espèces du genre auquel appartient ce dernier produit, ont d'ailleurs la propriété de se dédoubler sous l'influence des oxydes ou des sulfures alcalins, en chlorure et en espèces du genre éthérène.

Genre éthérène.		Genre éthérilène.	
C^2H^4	éthérène normal (gaz oléfiant)	C^2H^4,Cl^2	éthérilène bichloré (liq. des Holland.).
C^2H^3Cl	— chloré.	C^2H^3Cl,Cl^2	— trichloré.
$C^2H^2Cl^2$	— bichloré.	$C^2H^2Cl^2,Cl^2$	— quadrichl.
C^2HCl^3	— trichloré.	C^2HCl^3,Cl^2	— quintichl.
C^2Cl^4	— perchloré.	C^2Cl^4,Cl^2	— perchloré (perchl. de carb.)

Le genre *acétène* est l'homologue du genre formène, dans le groupe formique ; l'acétène normal correspond au gaz des marais. Il se compose d'un grand nombre d'espèces chlorées.

Si l'on soumet l'alcool vinique à une action déshydrogénante, en le traitant par du chlore aqueux, ou en le distillant avec un mélange de peroxyde de manganèse et d'acide sulfurique, on obtient l'*aldéhyde acétique*, espèce normale du genre *acétol*. Ce genre renferme , entre autres , une espèce trichlorée C^2HCl^3O , connue sous le nom de *chloral* , et par laquelle on peut effectuer le passage du groupe acétique au groupe formique. En effet , l'acétol trichloré donne , par les oxydes alcalins , du formiate et du formène trichloré (chloroforme) :

$$C^2HCl^3O + O(KH) = CHO^2(K) + CHCl^3.$$

L'acétol normal est caractérisé par les réactions suivantes : Chauffé en solution aqueuse avec une lessive de potasse , il brunit et produit une matière résineuse ; chauffé avec une solution ammoniacale de nitrate d'argent , il se convertit en acétate , en donnant un dépôt d'argent métallique qui recouvre d'une couche miroitante les parois du tube où s'opère la réaction. De même, il produit avec l'ammoniaque une combinaison cristalline.

151. Les *acétates* se produisent dans une foule de circonstances , non-seulement par l'action des agents oxygénants sur l'alcool vinique et sur l'aldéhyde précédent, mais on les obtient , en outre , par la distillation sèche des matières ligneuses (acide pyroligneux) ; par l'action de la potasse fondante sur les malates , les tartrates , etc. ; par l'action de l'acide nitrique , de l'acide chromique , d'un mélange de peroxyde de manganèse et d'acide sulfurique, sur la plupart des matières grasses, sur la fibrine, sur la caséine, sur le blanc d'œuf, etc.

Les acétates sont presque tous solubles dans l'eau et dans l'alcool; à la distillation sèche, ils fournissent des gaz inflammables, ainsi que de l'acide acétique. On les reconnaît aisément à l'odeur acide et caustique qu'ils développent à l'état sec, sous l'influence de l'acide sulfurique.

Quand on verse du chlorure ferrique dans de l'acide acétique, on n'observe aucun changement; mais si l'on sature l'acide par l'ammoniaque, ou qu'on mélange un acétate neutre avec le chlorure ferrique, la liqueur devient d'un rouge foncé par la formation de l'acétate ferrique.

Les acétates neutres donnent avec le nitrate d'argent un précipité blanc cristallin, peu soluble dans l'eau bouillante, où il se dépose en petites aiguilles. Quand on distille un acétate avec de l'acide sulfurique concentré, et qu'on met le produit distillé en digestion avec un excès d'oxyde de plomb, il produit un sous-acétate soluble qui présente aux papiers colorés une réaction alcaline.

Le *glycocolle,* plus connu sous le nom de *sucre de*

gélatine, est un alcaloïde très-bien déterminé, qui, par sa composition, se rattache aux corps précédents. Obtenu d'abord avec la gélatine seulement, on le produit aujourd'hui par une réaction bien plus nette, par le dédoublement de l'acide hippurique $C^9H^9NO^3$ (extrait de l'urine des herbivores) sous l'influence de l'acide hydrochlorique bouillant ; l'acide hippurique s'assimile, dans ces circonstances, 1 éq. d'eau, pour se dédoubler en acide benzoïque, et en glycocolle qui reste en combinaison avec l'acide hydrochlorique :

$$C^9H^9NO^3 + OH^2 = C^7H^6O^2 + C^2H^5NO^2.$$

Si l'on n'a pas encore réussi à faire du sucre de gélatine à l'aide des acétates, on a, du moins, obtenu l'espèce arséniée correspondant à cet alcaloïde. L'*alcargène* de M. Bunsen est, en effet, du glycocolle dans lequel N est remplacé par As (40). Cet alcaloïde arsénié est, de son côté, le produit de l'oxydation d'un autre alcaloïde, inflammable et très-vénéneux, l'*alcarsine*, qu'on obtient en distillant l'acétate potassique avec de l'anhydride arsénieux.

152. Les *succinates* se rattachent aux corps précédents, par la transformation qu'éprouve l'acide succinique sous l'influence de la potasse en fusion.

Il se produit alors de l'oxalate, du gaz oléfiant et de l'eau :

$$C^4H^6O^4 + 2O(KH) = C^2O^4(K^2) + C^2H^4 + 2OH^2.$$

Au reste, par la distillation avec un mélange de peroxyde de manganèse et d'acide sulfurique, ils donnent de l'acide acétique. Les succinates alcalins sont fort solubles dans l'eau et insolubles dans l'alcool ; ils précipitent le chlorure ferrique en brun-rougeâtre, fort soluble dans les acides. L'acétate de Pb les précipite en blanc, soluble dans un excès d'acide succinique.

L'acide succinique se convertit par la distillation sèche en *anhydride succinique :*

$$C^4H^6O^4 = C^4H^4O^3 + OH^2.$$

Aux succinates se rattachent l'*asparagine* et les *aspartates*. L'asparagine est une espèce d'amide qui se rencontre toute formée dans les asperges, les vesces, la racine de guimauve, la grande consoude, la belladone, etc. ; les acides et les alcalis, ainsi que les ferments, la convertissent en aspartate et en ammoniaque :

$$C^4H^8N^2O^3 + OH^2 = C^4H^7NO^4 + NH^3.$$

L'asparagine peut fermenter en présence de certaines autres substances organiques, et se convertit alors en succinate d'ammoniaque ; ce composé renferme tous les éléments de l'asparagine, moins une certaine quantité d'hydrogène.

Au contact de la vapeur nitreuse, l'asparagine et l'acide aspartique se transforment en *acide malique* et en azote.

Les *malates* alcalins sont fort solubles ; plusieurs bimalates (Am,Ca,Mg) cristallisent fort bien. Le chlorure calcique ne précipite pas la solution aqueuse de l'acide malique ni des autres malates ; mais il se forme du malate de Ca neutre par une addition d'alcool au mélange. L'acétate plombique donne, avec l'acide malique et les autres malates, un précipité blanc de malate de Pb neutre ; ce précipité, abandonné pendant quelque temps dans le liquide où il s'est formé, perd sa consistance caillebottée, et se convertit en aiguilles nacrées, groupées autour d'un centre commun ; il fond dans l'eau bouillante en une masse emplastique. Les malates se charbonnent à chaud avec l'acide sulfurique concentré, en émettant du gaz sulfureux.

Le *fumarate normal* et son isomère, le *maléate*, résultent de l'action de la chaleur sur l'acide malique :

$$C^4H^4O^5(H^2) = OH^2 + C^4H^2O^4(H^2).$$

Le fumarate calcique $C^4H^2O^4(Ca^2)$ se rencontre dans la sève de la fumeterre et dans le lichen d'Islande.

153. Les *tartrates* se rattachent aux corps précédents par la réaction suivante. Quand on fait fondre un tartrate avec de la potasse hydratée, à la température d'environ 250°, il se dédouble en oxalate et en acétate :

$$C^4H^4O^6(K^2) + O(KH) = C^2O^4(K^2) + C^2H^3O^2(K) + OH^2.$$

Le genre tartrate comprend des sels qu'on rencontre dans beaucoup de sucs végétaux, particulièrement dans le verjus, les mûres, l'oseille, les topinambours, etc.

Les tartrates à base de métaux alcalins sont plus ou moins solubles dans l'eau. Les tartrates qui sont insolubles, se dissolvent aisément dans l'acide nitrique et l'acide hydrochlorique. Portés au rouge, tous les tartrates se décomposent en laissant un résidu de charbon, et en répandant l'odeur du sucre brûlé.

Lorsqu'on verse, dans une solution d'acide tartrique ou d'un autre tartrate, la solution d'un sel ferrique, aluminique ou manganeux, puis de l'ammoniaque ou de la potasse, on n'obtient aucun précipité ; c'est qu'il se forme alors des tartrates solubles à 2 métaux, indécomposables par un excès d'alcali.

L'acide tartrique produit dans les sels potassiques, et surtout dans l'acétate, un précipité cristallin de bitartrate potassique, peu soluble dans l'eau froide, fort soluble dans les solutions alcalines.

Le chlorure de calcium produit, dans la solution des tartrates neutres, un précipité blanc de tartrate de Ca neutre ; la présence des sels ammoniques empêche plus ou moins cette précipitation. Le précipité se dissout à froid dans la potasse caustique, en produisant un liquide incolore ; par l'ébullition, le tartrate de Ca s'en sépare sous la forme d'une gelée, qui se redissout dans le liquide à mesure qu'il se refroidit.

Les *paratartrates* ou *racémates* sont des sels isomères des tartrates, dont ils ne diffèrent d'ailleurs que par un petit nombre de caractères. Leurs métamorphoses sont les mêmes que celles des tartrates.

A une température supérieure à 200°, l'acide tartrique élimine les éléments de l'eau, et se convertit en un *anhydride*, insoluble dans l'eau.

154. Les *citrates* se comportent avec la potasse en fusion comme les tartrates, en donnant de l'oxa-

late et de l'acétate, seulement les rapports sont différents :

$$C^4H^5O^7(K^3) + O(KH) = C^4O^4(K^2) + 2C^2H^3O^2(K).$$

L'acide citrique ou citrate normal se rencontre tout formé dans les citrons, les oranges, les framboises, les baies d'airelle et dans beaucoup d'autres fruits acides, où il est souvent accompagné de citrate calcique et de malates.

Tous les citrates alcalins sont fort solubles dans l'eau. Ils empêchent, comme les tartrates, la précipitation des sels ferriques, manganeux, etc., par les alcalis.

Le chlorure de Ca ne précipite l'acide citrique qu'à la température de l'ébullition. Quand on sature par l'ammoniaque une solution d'acide citrique additionnée de chlorure de Ca, il ne se produit pas de précipité à froid, à moins que le liquide ne soit fort concentré ; mais le précipité paraît par l'ébullition.

L'acétate de plomb produit dans l'acide citrique et dans les autres citrates un précipité blanc de citrate neutre de Pb, presque insoluble dans l'ammoniaque, fort soluble dans le citrate d'ammoniaque.

Chauffés avec de l'acide sulfurique concentré, les citrates commencent par dégager un mélange de

CO_2 et CO ; puis se charbonnent, en développant du gaz sulfureux.

Sous l'influence d'une chaleur élevée, l'acide citrique élimine OH_2 et se convertit en *acide aconitique*. L'aconitate de Ca neutre se trouve tout formé dans le suc des aconits ; il se dépose dans l'extrait de ces plantes, sous la forme de grains souvent assez copieux.

155. *Groupe butyrique.* — Nous y placerons les types suivants :

C^4H^8	butyrène (quadricarbure de Faraday).
$C^4H^6Cl^2$	butyrilène bichloré.
C^4H^8O	aldéhyde butyrique ou butyral.
$C^4H^7O^2(M)$	butyrates.
C^4H^9NO	butyramide.

$C^6H^{10}O^6(M^2)$	lactates.
$C^6H^{10}O^5$	anhydride lactique.
$C^6H^8O^8(M^2)$	mucates et saccharates.
$C^6H^{14}O^6$	mannite.

$C^{12}H^{20}O^{10}$	cellulose, amidon, gomme.
$C^{12}H^{22}O^{11}$	sucre de canne.
$C^{12}H^{24}O^{12}$	glucose et sucre de lait.

Tous les corps de ce groupe, renfermant C^4, ont leurs homologues dans le groupe acétique.

La *cellulose*, l'*amidon* et le *sucre de canne* sont des produits de la végétation, que la chimie n'a pas encore su produire. En fixant les éléments de l'eau sous l'influence de l'acide sulfurique étendu et bouillant, ces corps se convertissent en *glucose* ou sucre de fruits :

$$C^{12}H^{20}O^{10} + 2\,OH^2 = C^{17}H^{24}O^{18},$$
$$C^{12}H^{22}O^{11} + OH^2 = C^{12}H^{24}O^{12}.$$

Le glucose éprouve de nombreuses transformations sous l'influence des ferments. Au contact de la levure de bière, il se dédouble en alcool vinique et en CO^2 :

$$C^{12}H^{24}O^{12} = 4[CO^2 + C^2H^6O].$$

Le fromage en putréfaction détermine la transformation du glucose en CO^2 et en *acide butyrique*, avec dégagement de gaz hydrogène :

$$C^{12}H^{24}O^{12} = 2[CO^2 + C^4H^8O^2] + H^8.$$

Lorsque les ferments présentent une réaction alcaline aux papiers, ils dédoublent le plus souvent le glucose en *acide lactique*,

$$C^{12}H^{24}O^{12} = 2[C^6H^{12}O^6],$$

sans qu'il se développe aucun gaz. Cette métamorphose est surtout déterminée par le contact du glucose avec les membranes animales putréfiées, avec le vieux fromage, etc.

Enfin, dans d'autres circonstances, le glucose donne aussi, par la fermentation, de la *mannite*, en même temps que de l'acide lactique.

Le glucose se produit aussi par la métamorphose d'autres principes végétaux, tels que l'amygdaline des amandes amères, la phlorizine de l'écorce des pommiers, la salicine des saules, etc.

L'*acide saccharique* est le produit de l'oxydation de la cellulose, du sucre et du glucose sous l'influence de l'acide nitrique faible; son isomère, l'*acide mucique*, résulte de l'oxydation, par le même agent, du sucre de lait et de la gomme :

$$C^{12}H^{20}O^{10} + O^6 = 2C^6H^{10}O^8.$$

156. *Groupe benzoïque.* — Ce groupe comprend des corps susceptibles de se transformer en acide benzoïque, ou dérivant de cet acide :

C^6H^6	benzène, avec les espèces chlorées, bromées et nitrées.
$C^6H^6Cl^6$	benzilène sexchloré.
$C^6H^5SO^3(M)$	sulfobenzénates.
C^6H^7N	aniline, alcaloïde, avec les espèces chlorées, bromées et nitrées.

C^7H^8 toluène.

C^7H^6O benzoïlol , avec les espèces chlorées et bromées.

$C^7H^5O^2(M)$ benzoates , avec les espèces chlorées et nitrées.

C^7H^7NO benzamide.

C^7H^5N benzonitryle.

$C^7H^{10}O^6(M^2)$ quinates.

$C^8H^7O^2(M)$ toluates, avec les espèces nitrées.

C^9H^{12} cumène.

$C^9H^{11}SO^3(M)$ sulfocuménates.

$C^9H^{13}N$ cumidine.

C^9H^8O cinnamol , avec les espèces chlorées et bromées.

$C^9H^7O^2(M)$ cinnamates, avec les espèces nitrées.

$C^9H^8NO^3(M)$ hippurates.

$C^{10}H^{12}O$ cuminol, avec les espèces chlorées et bromées.

$C^{10}H^{11}O^3(M)$ cuminates.

$C^{10}H^{13}NO$ cuminamide.

157. Le *benzène* normal C^6H^6, appelé aussi benzine ou phène, est un hydrogène carboné qui se produit, de la manière la plus simple, par la distillation sèche de l'acide benzoïque avec un excès de baryte ou de chaux caustique ; l'acide benzoïque se dédouble alors d'après l'équation suivante :

$$C^7H^5O^2(H) = CO^2 + C^6H^6.$$

CO^2 reste fixé sur l'oxyde employé, et le convertit en carbonate.

Le benzène normal se rencontre dans les produits de la distillation, à une chaleur rouge, d'une foule de matières organiques, telles que les résines, les huiles grasses, la houille, etc.

Il fixe directement le chore et le brôme pour donner des espèces d'un genre nouveau (*benzilène*), et celles-ci se dédoublent sous l'influence des alcalis, pour donner des espèces chlorées ou bromées du genre benzène :

$$C^6H^6Cl^6 = C^6H^3Cl^3 + 3ClH.$$

De même, il donne avec l'acide nitrique, des espèces nitrées, parmi lesquelles le *benzène nitré* ou *nitro-benzène* C^6H^5X est surtout remarquable par sa métamorphose en *aniline* (95 a).

L'*aniline normale* C^6H^7N est un alcaloïde qui donne aussi plusieurs espèces chlorées, bromées et nitrées. Les sels de l'aniline normale sont remarquables par la coloration bleue ou violacée que leur communique la solution d'un hypochlorite ; cette coloration est d'ailleurs assez fugace, et passe rapidement au rouge sale, surtout au contact des acides. Une solution aqueuse d'acide chromique produit dans les sels d'aniline un précipité coloré en vert, bleu ou noir, suivant la concentration du liquide précipité.

158. Le *toluène* C^7H^8 (dracyle, benzoène) est un homologue du benzène, et s'obtient par une réaction tout-à-fait semblable, à l'aide d'un homologue de l'acide benzoïque, l'*acide toluique* $C^8H^7O^2(H)$. Comme le benzène, il donne des espèces chlorées, bromées et nitrées ; le *toluène nitré* $C^7H^7X = C^7H^7NO^2$ fournit à son tour la *toluidine*, alcaloïde homologue de l'aniline. Enfin, ce même toluène nitré se dédouble par l'action de la chaux caustique, à la chaleur rouge, et fournit alors l'aniline elle-même :

$$C^7H^7NO^2 = CO^2 + C^6H^7N.$$

Le toluène normal a été obtenu par l'action du feu sur la résine de Tolu et sur celle de sangdragon.

L'acide chromique convertit le toluène en *acide benzoïque*.

Les *benzoates* se produisent, d'ailleurs, dans une foule d'autres réactions : par l'oxydation directe du *benzoïlol* normal ou essence d'amandes amères,

$$C^7H^6O + O = C^7H^6O^2 ;$$

par la métamorphose des acides hippurique, cinnamique, etc.; par l'action des corps oxygénants sur la fibrine, le blanc d'œuf, le fromage, la gélatine, etc.; par la distillation sèche du benjoin, du sangdragon, et de plusieurs autres résines. On connaît aussi des *benzoates nitrés* ou *nitro-benzoates* : $C^7H^4XO^2(M)$.

Le benzoïlol normal donne plusieurs dérivés chlorés et bromés. Avec l'ammoniaque et le *benzoïlol chloré* (chlorure de benzoïle de la chimie dualistique), on obtient la *benzamide* normale :

$$C^7H^5ClO + NH^3 = ClH + C^7H^7NO.$$

La benzamide peut perdre les éléments de l'eau, et se convertir en *benzonitryle*,

$$C^7H^7NO = OH^2 + C^7H^5N.$$

Ce benzonitryle se produit aussi par la distillation sèche du benzoate ammonique, qui en renferme tous les éléments plus $2OH^2$.

Quant aux *quinates*, ce sont des sels bibasiques que la chimie ne sait pas encore produire artificiellement. Le quinate neutre de Ca se trouve tout formé dans les différents quinquinas, et forme la partie essentielle de l'extrait de quinquina préparé à froid. Par la distillation sèche, l'acide quinique, donne, entre autres produits, de l'acide benzoïque.

159. Aux composés précédents se rattache le *cumène*, hydrogène carboné, homologue du toluène et du benzène, et que l'acide nitrique bouillant convertit en acide benzoïque. Il se produit par l'*acide cuminique* et la chaux caustique :

$$C^{10}H^{11}O^2(H) = CO^2 + C^9H^{12}.$$

Le *cinnamol* normal ou essence de cannelle, l'*acide cinnamique* qui en dérive par une simple oxydation, l'*acide hippurique*, sont encore des corps susceptibles de se convertir en acide benzoïque.

Enfin le *cuminol*, contenu dans l'essence de cumin, et homologue de l'aldéhyde benzoïque ; les *cuminates*, homologues des benzoates ; la *cuminamide*, homologue de la benzamide, sont des composés qui passent, par l'intermédiaire du cumène, à l'état d'acide benzoïque.

160. *Groupe salicylique.* — Les composés de ce groupe peuvent se transformer en acide salicylique, ou proviennent de la métamorphose de cet acide. Ce groupe se rattache, d'ailleurs, au groupe précédent, en ce que certains benzoates peuvent être convertis en acide salicylique :

$C^6H^5O(M)$ phénates, avec les espèces chlorées, bromées et nitrées.

$C^7H^5O^2(M)$	salicylures ou salicylites, avec les espèces chlorées, bromées et nitrées.
$C^7H^5O^3(M)$	salicylates, avec les espèces chlorées, bromées et nitrées.
$C^7H^7NO^2$	salicylamide, avec les espèces chlorées et bromées.
$C^7H^7NO^3$	anthranilates.
C^8H^5NO	indigotine (indigo bleu).
$C^8H^5NO^2$	isatine, avec les espèces chlorées et bromées.
$C^8H^6NO^3(M)$	isatates, avec les espèces chlorées et bromées.
$C^8H^4NSO^4(M)$	sulfindylates.
$C^{16}H^{12}N^2O^2$	indigogène.
$C^{16}H^{12}N^2O^4$	isathyde.

161. Lorsqu'on chauffe le benzoate cuivrique à 220°, il se décompose en un corps particulier $C^{14}H^{10}O^2$, et en *salicylate cuivreux*.

On a, en effet:

$$4[C^7H^5O^2(Cu)] = C^{14}H^{10}O^2 + 2[C^7H^5O^3(Cu^2)].$$

Cu^2 équivaut à Cu_z comme dans tous les sels cuivreux (40).

L'acide salicylique et les salicylates s'obtiennent dans plusieurs autres circonstances, et notamment par l'oxydation directe des espèces du genre *salicylure*, dont l'essence d'ulmaire ou de reine des prés représente l'espèce normale. Les salicylures et les salicylates solubles prennent une couleur d'encre par l'addition d'un sel ferrique.

Sous l'influence d'une chaleur élevée, et surtout en présence de la chaux caustique, les salicylates se dédoublent, comme les benzoates, les cuminates, etc., en donnant l'espèce normale du genre *phénate* :

$$C^7H^5O^3(H) = CO^2 + C^6H^5O(H).$$

Il existe aussi des salicylates chlorés, bromés, nitrés ; ceux-ci donnent, par la même métamorphose, des phénates chlorés, bromés ou nitrés. L'acide connu sous le nom de *carbazotique* ou *nitropicrique*, est un phénate trinitré.

Si l'on enferme du phénate ammonique dans un tube scellé à la lampe, il élimine tout son oxygène à l'état d'eau, et se convertit en aniline normale (157) :

$$C^6H^5O(H, NH^2) = C^6H^7N + OH^2.$$

Les salicylates et les phénates se produisent aussi par l'*indigotine*, principe bleu de l'indigo. Si l'on oxyde l'indigotine par l'acide nitrique dilué, elle fixe O et se convertit en *isatine* normale, laquelle peut donner des espèces chlorées et bromées. Toutes les espèces du genre isatine ont la propriété de fixer les éléments de la potasse ou d'un autre oxyde alcalin, pour donner des *isatates ;* on a donc les

Isatates.... $C^8H^6NO^3$(M) par l'isatine norm. $C^8H^5NO^2$,
— chlorés $C^8H^5ClNO^3$(M) — chlorée $C^8H^4ClNO^2$,
— bichlor. $C^8H^4Cl^2NO^3$(M) — bichlorée $C^8H^3Cl^2NO^2$,
— bromés $C^8H^5BrNO^3$(M) — bromée $C^8H^4BrNO^2$.

Qu'on soumette ensuite un isatate quelconque à l'action d'un excès de potasse, et l'on obtiendra :

L'aniline normale... C^6H^7N, par les isatates.
— chlorée... C^6H^6ClN, — chlorés.
— bichlorée.. $C^6H^5Cl^2N$, — bichlorés.
— bromée... C^6H^6BrN, — bromés.

Il se produit en même temps du carbonate et un dégagement de gaz hydrogène.

En modifiant les circonstances de la réaction, on peut arrêter l'oxydation à C^7, et alors on obtient du salicylate ou de l'*anthranilate.* Distillé avec de la chaux caustique, l'acide anthranilique se dédouble en CO^2 et aniline normale :

$$C^7H^7NO^2 = CO^2 + C^6H^7N.$$

Par l'acide nitrique et l'indigotine, on peut directement obtenir des phénates nitrés ou des salicylates nitrés.

29

162. Une autre métamorphose remarquable de l'indigotine et de l'isatine normale, c'est la manière dont elles se comportent avec les agents réducteurs (hydrogène sulfuré, mélange de chaux et de sulfate ferreux, etc.). Elles se doublent alors et fixent H^2; en même temps, l'indigotine, d'un bleu foncé d'abord, perd tout-à-fait sa couleur, et l'isatine, de couleur aurore, se décolore aussi. C'est, d'ailleurs, sous cette forme décolorée que l'indigo existe dans les différentes variétés d'isatis, de nérium, etc. :

$$2C^8H^5NO + SH^2 = C^{16}H^{12}N^2O^2 + S.$$
$$2C^8H^5NO^2 + SH^2 = C^{16}H^{12}N^2O^4 + S.$$

Au contact de l'oxygène ou d'autres agents oxygénants, ces produits repassent à l'état d'indigotine et d'isatine :

$$C^{16}H^{12}N^2O^2 + O = OH^2 + 2C^8H^5NO.$$
$$C^{16}H^{12}N^2O^4 + O = OH^2 + 2C^8H^5NO^2.$$

Plusieurs matières colorantes, dont l'industrie tire parti, sont le résultat de semblables métamorphoses de certains corps azotés.

163. *Groupe camphorique.* — Nous réunirons sous ce nom les composés suivants :

$C^{10}H^{16}$ camphène, avec les dérivés chlorés et bromés.
$C^{10}H^{14}$ cymène ou camphogène.

$C^{10}H^{13}SO^3(M)$ sulfocyménates.

$C^{10}H^{17}Cl$ téréhydrène chloré ou camphre de térében-thine.

$C^{10}H^{18}Cl^2$ citréhydrène bichloré ou camphre de citron.

$C^{10}H^{18}O$ bornéol.

$C^{10}H^{16}O$ camphol, camphre des laurinées.

$C^{10}H^{20}O^2$ térébol.

$C^{10}H^{17}O^2(M)$ campholates.

$C^{10}H^{14}O^4(M^2)$ camphorates.

$C^{10}H^{14}O^3$ camphoride ou anhydride camphorique.

Voici par quelles métamorphoses ces composés se rattachent entre eux.

Le *camphène* $C^{10}H^{16}$ comprend une foule d'huiles essentielles qui se trouvent toutes formées dans les végétaux, telles que les essences de térébenthine, de sabine, de genièvre, de bouleau, de valériane, d'élémi, de citron, d'orange, de poivre, etc. Toutes ces essences représentent des modifications isomères d'un même système moléculaire. L'une de ces modifications, telle qu'elle est contenue dans l'essence de valériane, ou dans le camphre liquide de Bornéo, peut fixer directement les éléments de l'eau, et se convertir en *bornéol* normal (camphre solide de Bornéo) :

$$C^{10}H^{16} + OH^2 = C^{10}H^{18}O.$$

D'autres variétés du camphène normal fixent $2OH^2$ et produisent le *térébol* normal :

$$C^{10}H^{16} + 2OH^2 = C^{10}H^{20}O^2.$$

Chauffé avec un peu d'acide nitrique, le bornéol perd H^2, et se convertit en *camphol* normal, plus connu sous le nom de camphre des laurinées ; c'est le camphre ordinaire des officines. Ce corps a aussi été obtenu par l'action de l'acide nitrique sur le succin ou ambre jaune, sur certains principes contenus dans les essences de tanaisie, de semen-contra, de sauge, etc.

Soumis à l'action des corps avides d'eau, tels que l'anhydride phosphorique ou le chlorure de zinc, le camphol perd OH^2, et se convertit en un hydrogène carboné $C^{10}H^{14}$, homologue du benzène, du toluène, du cymène, etc. Cet hydrocarbure, appelé *cymène*, se trouve tout formé dans l'essence de cumin :

$$C^{10}H^{16}O = OH^2 + C^{10}H^{14}.$$

Oxydé par l'acide nitrique, le cymène se convertit en acide toluique, homologue des acides benzoïque et cuminique.

Les différentes variétés du camphène normal ont

la propriété d'absorber le gaz hydrochlorique, et de produire ainsi des composés, tantôt liquides, tantôt cristallisables, qu'on a confondus sous le nom de *camphres artificiels*; c'est ainsi qu'on obtient, avec l'essence de térébenthine,

$$C^{10}H^{16} + ClH = C^{10}H^{17}Cl ;$$

et avec l'essence de citron,

$$C^{10}H^{16} + 2ClH = C^{10}H^{18}Cl^2.$$

Ces produits régénèrent le camphène normal, sous l'influence de la chaux caustique et d'une température élevée.

Quand on chauffe le camphol normal avec de la potasse solide, dans des tubes scellés à la lampe, il en fixe les éléments et se convertit en *campholate* de K :

$$C^{10}H^{16}O + O(KH) = C^{10}H^{17}O^2(K).$$

Enfin, sous l'influence de l'acide nitrique, le camphol fixe O^3, pour donner un acide bibasique, qui forme l'espèce normale des *camphorates*. Cet acide produit, à son tour, l'*anhydride camphorique*, par l'élimination des éléments de l'eau.

164. *Groupe protéique.* — Les substances les plus complexes dans l'échelle des combinaisons organiques, sont représentées par les matières organisatrices de l'économie animale : *fibrine, albumine, caséine,*

gélatine, etc. Ces corps ne sont pas cristallisables, et n'ont encore été que peu étudiés, au point de vue des métamorphoses. Ils renferment du carbone, de l'hydrogène, de l'azote, de l'oxygène, du soufre, et plusieurs d'entre eux, du phosphore. Abandonnés à l'état humide au contact de l'air, ils s'altèrent, se putréfient, et sont capables, dans cet état, d'agir comme ferments (146).

Lorsqu'on y fait agir des corps oxygénants, tels que l'acide chromique ou un mélange d'acide sulfurique et de peroxyde de manganèse, ils donnent une série de produits, parmi lesquels on remarque l'acide acétique et ses homologues, les acides formique, métacétique, butyrique, valérianique (145); ensuite, les aldéhydes acétique, métacétique, butyrique (145), l'essence d'amandes amères, l'acide benzoïque (158), l'acide prussique (148), etc. Sous ce rapport, la fibrine, l'albumine, la caséine et la gélatine donnent les mêmes produits.

Avec ces substances complexes, le chimiste peut donc parcourir une grande partie de l'échelle des combinaisons carbonées; il peut, à leur aide, reproduire un nombre considérable de composés d'une constitution plus simple (141).

La fibrine, l'albumine et la caséine sont aussi toutes renfermées dans les plantes, et en constituent les véritables parties nutritives. Le suc des graminées, par exemple, renferme une matière qui est identique à la fibrine des muscles ; la graine du blé, et en général de toutes les céréales, en est surtout chargée ; la substance connue sous le nom de *gluten*, n'est autre chose que cette fibrine, mélangée d'une matière gluante particulière.

L'albumine est contenue dans le suc des légumes, comme les raves, les choux-fleurs, les asperges, etc. Quand on porte ce suc en ébullition, il s'en sépare un coagulum qui est identique au blanc d'œuf. Les amandes, les noix en renferment aussi.

Enfin, la caséine se rencontre dans le péricarpe des fèves, des lentilles, des pois, etc. ; elle se dissout dans l'eau, comme l'albumine, mais la solution ne se coagule pas par la chaleur. Elle ne se coagule que par l'addition des acides ; si on l'évapore, elle se recouvre d'une pellicule, comme le lait des animaux.

SÉRIE DU BORE.

165. Elle se réduit, jusqu'à présent, aux genres suivants :

$B^2O^4(M^2)$ borates.................Berz. B^2O^3,MO.
B^2O^3 anhydride borique............ B^2O^3.
B^2N^2 boramide (azoture de bore, éthogène).

Les *borates* sont bibasiques. Ils forment des sels extrêmement stables, qui, presque tous, ont la propriété de donner par la fusion des verres transparents, et de dissoudre, en cet état, des oxydes métalliques. Le charbon ne les décompose pas à une température élevée ; toutefois, si l'on y fait agir en même temps du chlore, ils sont attaqués et donnent l'anhydride chloroborique. La plupart des acides concentrés en séparent l'acide borique sous forme de paillettes incolores, solubles dans beaucoup d'eau. Quand on chauffe un borate avec de l'acide sulfurique et de l'alcool, et qu'on allume le mélange, l'alcool brûle avec une flamme bordée de vert (a).

(a) Il se produit, dans ces circonstances, un *éther borique* (88), et c'est lui qui a la propriété de brûler avec une flamme verte.

A l'exception des borates à base de H, K, Na et Am, les borates ne sont que fort peu solubles dans l'eau.

Le chlorure de Ba précipite la solution des borates en blanc, soluble dans les acides et dans les sels ammoniacaux ; le nitrate de Ag produit dans les solutions concentrées des borates un précipité blanc, soluble dans l'acide nitrique et dans l'ammoniaque.

Il existe des surborates et des sous-borates ; le borax est un borate acide de Na. Il est probable que le type borate se métamorphose, dans certaines circonstances, comme les phosphates, pour donner des métaborates, des pyroborates, etc.

L'*anhydride borique* résulte de la calcination de l'acide ; on connaît aussi les espèces halogènes correspondantes :

B^2O^3 anhydride borique.
$B^2Cl_4^3$ —   chloroborique.
$B^2Fl_4^3$ —   fluoborique (fluorure de bore).

Les *fluoborates* ou *borates fluorés* se forment par la combinaison directe de plusieurs fluorures (K, Na) avec l'anhydride fluoborique. Le fluoborate de H est le résultat de la décomposition du gaz fluoborique par l'eau :

$$4[B^2F_4^3 + O(H^2)] = B^2O^4(H^2) + 3B^2F_2^4(H)^2.$$

Tous les fluoborates se décomposent par l'action
de la chaleur, en émettant du gaz fluoborique et en
laissant du fluorure :

$$B^2F^6(M^2) = 2F(M) + B^2F^4.$$

Ils sont, pour la plupart, solubles dans l'eau.
Traités par l'acide sulfurique concentré, ils émet-
tent aussi du gaz fluoborique, et donnent un dépôt
d'acide borique.

***

Série du Silicium.

166. Elle se compose des genres suivants :

$Si^2O^3(M^2)$ silicates avec différents sous-
genres (voir plus bas)... Berz. $2SiO^3,3MO$.
et $2SiO^3,M^2O^3$.

Si^2O^2 anhydride silicique ou silice (a). SiO^3.

Les *silicates* constituent un grand nombre de minéraux, désignés par les anciens minéralogistes sous
le nom de *pierres*. A part quelques silicates alcalins,
ils sont tous insolubles dans l'eau. Plusieurs d'entre
eux, et particulièrement ceux qui renferment de

(a) Si^2O^3 représente l'équivalent de SO^3,SO^4,B^2O^3,CO^2, etc.

l'hydrogène comme base, s'attaquent par l'acide hydrochlorique bouillant, et séparent alors l'acide silicique sous forme de gelée incolore. Les silicates insolubles dans l'acide hydrochlorique deviennent solubles quand on les fait fondre avec un carbonate alcalin (K, Na).

L'acide silicique gélatineux se convertit, par l'action de la chaleur, en *anhydride silicique* Si^2O^3, insoluble dans les acides, mais que les carbonates alcalins rendent solubles en le convertissant en silicate alcalin. On connaît aussi des anhydrides siliciques, où l'oxygène est remplacé par du chlore ou du fluor :

Si^2O^3 anhydride silicique.
$Si^2Cl^3_2$ —   chlorosilicique.
$Si^2F^3_2$ —   fluosilicique.

L'anhydride fluosilicique se combine directement avec les fluorures métalliques, et produit les *fluosilicates*, qui représentent des silicates dans lesquels tout l'oxygène est remplacé par du fluor :

Silicates.......... $Si^2O^3(M^2)$.
Fluosilicates....... $Si^2F^3_2(M^2)$.

Quand on fait passer dans l'eau de l'anhydride

fluosilicique, il se décompose en silicate de H gélatineux, et en fluosilicate de H qui reste en dissolution :

$$3[Si^2F_6 + O(H^2)] = Si^2O^3(H^2) + 2Si^2F_6(H^2).$$

Ce fluosilicate de H est un acide bien caractérisé,
avec lequel on peut préparer les autres fluosilicates
par double décomposition, en les faisant agir sur les
oxydes ou sur les carbonates.

Les fluosilicates rougissent le tournesol, et ont
une saveur à la fois aigre et amère. Ils se convertissent, par la calcination, en fluorures métalliques,
et anhydride fluosilicique :

$$Si^2F_6(M^2) = Si^2F_4 + 2F(M).$$

Quand on y verse de l'acide sulfurique concentré,
ils dégagent également de l'anhydride fluosilicique,
puis, par la calcination, de l'acide hydrofluorique.

167. La formule dont nous nous sommes servi
pour représenter les silicates, est applicable aux silicates artificiels (*a*), et à un grand nombre de minéraux. Cependant, ce type silicate n'est pas le seul ;
beaucoup de minéraux ont une composition diffé-

(*a*) Quand on dissout de la silice dans la soude, on obtient des prismes
de silicate neutre de Na renfermant : $Si^4O^5(Na^2) + 9aq.$

rente , et il existe , sans doute , plusieurs types de silicates , semblables aux métaphosphates et aux pyrophosphates. Mais on ne sait pas encore les distinguer par les réactions. Il faut donc provisoirement diviser le genre silicate en plusieurs sous-genres.

Pour rendre comparable les formules de ces silicates, ramenons-les toutes à la même quantité de métal , soit (M^4), et désignons-les suivant la quantité de silicium combinée avec cette quantité. Tous ces silicates, d'ailleurs , contiennent n fois les éléments de l'anhydride silicique, plus 2 fois ceux d'un oxyde salin.

Voici quelques minéraux ainsi classés en sous-genres (a).

[A] *Protosilicates :* $SiO^3(M^4) = SiO + 2OM^3.$

Staurolithe du Saint-Gothard.........	$SiO^3(Al\beta, Fe\beta)^4.$
Manganèse silicaté noir..............	$SiO^3(Mn^2 H^2).$
Cérite...................	$SiO^3(Ce^2 H^2).$
Chlorite de Slatoust...............	$SiO^3(Al\beta_{\frac{3}{5}} Mg^2_{\frac{2}{5}} H^{\frac{4}{5}}).$

(a) Quand les bases sont très-variables, nous les avons séparées par une virgule, et le coefficient total se trouve alors en dehors de la parenthèse. M veut dire calcium, magnésium, ferrosum, manganosum ; $M\beta$ aluminicum, ferricum, manganicum.

[B] *Bisilicates :* $Si^2O^4(M^4) = 2SiO + 2OM^3$.

Anorthite.............................. $Si^2O^4(Al\beta^2Ca)$,

Phénakite............................. $Si^2O^4(Be^4)$.

Téphroïte............................. $Si^2O^4(Mn^4)$.

Williamite............................ $Si^2O^4(Zn^4)$.

Gadolinite............................ $Si^2O^4(Ce,Fe,Y)^4$.

Bucholzite; disthène; xénothite...... $Si^2O^4(Al\beta^4)$.

Zircon................................ $Si^2O^4(Zr^4)$.

Grenats (52).......................... $Si^2O^4(M\beta^2M^3)$.

Prehnite.............................. $Si^2O^4(Al\beta^2_2 Ca^4_4 H^4_4)$.

Vésuvienne ou idocrase................ $Si^2O^4(M\beta^2M^3)$.

Olivine ou péridot.................... $Si^2O^4(Mg,Fe)^4$.

Lomonite.............................. $Si^2O^4(Al\beta^2_2 Ca^4_4 H^4_4)$.

Humboldilithe......................... $Si^2O^4(Al\beta^4_4 M^4_4)$.

Mésotype.............................. $Si^2O^4(Al\beta^2_2 Na^4_4 H^4_4)$.

Apophyllite........................... $Si^2O^4(Ca^2H^3)$.

Épidote............................... $Si^2O^4(Al\beta,Ca,Fe)^4$.

Gigantolite........................... $Si^2O^4(Al\beta^2MgH)$.

[C] *Trisilicates :* $Si^3O^5(M^4) = 3SiO + 2OM^3$.

Labrador; rhyacolite.................. $Si^3O^5(Al\beta^3K)$.

Cimolite.............................. $Si^3O^5(Al\beta^2H^2)$.

Stilbite et épistilbite............... $Si^7O^2(Al\beta^2_2 Ca^4_4 H^2_2)$.

[D] *Quadrisilicates :* $Si^4O^6(M^4) = 4SiO + 2OM^3$.

Ce sous-genre correspond aux fluosilicates ; en en dédoublant la formule on a, en effet, $Si^2O^3(M^3)$.

Wollastonite ou tafelspath............ $Si^4O^6(Ca^6)$.

Talc (Delesse, Marignac).............. $Si^4O^6(Mg^3H)$.

Leucite............................... $Si^4O^6(Al\beta^3K)$.

Rhodonite ou manganèse silicaté...... $Si^4O^6(Mn^4)$.

Diopside........................ $Si^4O^6(Ca^2Mg^2)$.

Pyroxène d'Arendal,.............. $Si^4O^6(Ca^2Fe^2)$.

Pyroxènes ; diallage ; hypersthène. ... $Si^4O^6(Ca,Fe,Mg)^4$.

Amphibole blanc ou trémolite........ $Si^4O^6(Mg^3Ca)$.

Dioptase........................ $Si^4O^6(Cu^2H^2)$.

Achmite........................ $Si^4O^6(Fe\beta^2Na)$.

[π] *Sexsilicates :* $Si^6O^8(M^4) = 6SiO + 2OM^2$.

Acide silicique cristallisé dans l'acide hydrochlorique..................... $Si^6O^8(H^4)$.

Feldspath orthose (a)............... $Si^6O^8(Al\beta^3K)$.

Albite.......................... $Si^6O^8(Al\beta^3Na)$.

Pétalite........................ $Si^6O^8(Al\beta^3Li)$.

Outre les types précédents, il en existe encore quelques autres qui sont moins fréquents.

—

SÉRIE DE L'ÉTAIN.

168. L'étain, à l'instar du chrome et du manganèse, forme quelques combinaisons où il fonc-

---

(a) Voici comment la théorie dualistique exprime la composition du feldspath et de quelques autres minéraux ; on conviendra que notre notation est infiniment plus simple :

Feldspath orthose.. $(KO + SiO^3) + (Al^2O^3 + SiO^3)$.

Mésotype......... $(NaO + SiO^3) + (Al^2O^3 + SiO^3) + 2H^2O$.

Chlorite de Slatoust. $(3MgO + SiO^3) + (Al^2O^3 + SiO^3) + 2(MgO + 4H^2O)$.

Grenat almandine.. $(3FeO + SiO^3) + (Al^2O^3) + SiO^3$.

tionne comme non-métal ; les suivantes sont les plus connues :

$Sn^2O^3(M^2)$ stannates................$B{\small ERZ}$. SnO^2,MO.

Sn^2O^2 anhydride stannique........... SnO^2.

Lorsqu'on calcine l'étain métallique , ou qu'on le traite par de l'acide nitrique , il se convertit en un corps blanc , insoluble dans cet acide, et qui constitue *l'anhydride stannique*, connu aussi sous le nom de *modification insoluble de l'oxyde d'étain ;* avec le chlore et le brôme, on obtient les espèces halogènes correspondantes :

Sn^2O^2 anhydride stannique.

$Sn^2Cl_2^3$ —   chlorostannique (liqueur fumante de Libavius , bichlorure d'étain).

$Sn^2Br_2^3$ —   bromostannique.

Fondu avec de la potasse caustique , ou avec du carbonate de K, l'anhydride stannique fournit le *stannate* de K, sel cristallisable (*a*), qui donne les autres stannates par double décomposition. Ces sels, à l'exception de ceux à base de métal alcalin , sont

---

(*a*) Il constitue des prismes rhomboïdaux obliques renfermant :

$$Sn^2O^3(K^2)+3aq.$$

insolubles dans l'eau ; la solution des stannates alcalins se décompose par les acides les plus faibles, même par l'acide carbonique, en séparant de l'acide stannique ou stannate de H, sous la forme d'un précipité blanc et gélatineux, insoluble dans les acides.

L'acide stannique ne diffère de l'oxyde hydro-stannique (hydrate d'oxyde d'étain)

$$O(HSn_7),$$

où l'étain joue le rôle de métal, que par les éléments de l'eau ; les caractères physiques sont les mêmes.

Sn_7 équivalant à $Sn_{\frac{1}{2}}$ (40), on a :

Oxyde hydro-stannique.. $40(HSn_7) = Sn^2O^2 + 2OH^2$.

Acide stannique........ $Sn^2O^3(H^2) = Sn^2O^2 + OH^2$.

L'oxyde hydro-stannique est soluble dans les acides ; l'acide stannique ne l'est guère. Si l'on abandonne l'oxyde hydro-stannique dans le vide, ou qu'on le traite par l'eau bouillante, il perd les éléments de l'eau, et se convertit en acide stannique ; de soluble qu'il était d'abord, il devient donc insoluble dans les acides. De même, l'oxyde hydro-stannique se convertit, par la calcination, en anhydride stannique.

30.

Réciproquement, les halanhydrides stanniques peuvent se convertir en sels stanniques. Lorsqu'on ajoute de l'eau à l'anhydride chlorostannique, on a en dissolution un chlorure qui présente toutes les réactions des sels stanniques (64) ; la potasse en sépare de l'oxyde hydro-stannique, soluble dans les acides.

Comme les combinaisons où l'étain joue le rôle de non-métal, se transforment si aisément en sels stanniques, on peut évidemment, dans beaucoup de cas, employer les réactifs qui caractérisent ces sels, pour reconnaître les premières.

Suivant M. Frémy, il existerait aussi des *métastannates* ayant avec les stannates des rapports de composition, semblables à ceux qui existent entre les métaphosphates et les phosphates.

—

169. Nous pourrions encore joindre aux séries, dont nous venons de caractériser les principaux genres, les séries du *titane*, du *tantale*, du *tungstène*, du *molybdène*, et de quelques autres éléments peu importants ; mais nous dépasserions le cadre que nous nous sommes tracé pour cet ouvrage élémentaire.

Rien n'est plus aisé, d'ailleurs, que de traduire dans notre langage, et d'adapter à notre système les formules par lesquelles la chimie dualistique représente les combinaisons appartenant à ces séries.

L'étude des combinaisons chimiques, par séries naturelles, comprenant un certain nombre de systèmes moléculaires, de types ou de genres, susceptibles de se métamorphoser les uns dans les autres d'après des lois fort simples, nous paraît infiniment préférable à l'ancienne méthode, généralement suivie dans l'enseignement de la chimie. Cette dernière méthode a le tort de ne pas faire ressortir l'objet spécial de la chimie, c'est-à-dire les métamorphoses des corps ; au lieu de les rattacher entre eux, elle les isole pour n'insister que sur leurs caractères physiques ou sur leur composition ; et si parfois elle aborde les questions relatives aux métamorphoses, ce n'est que par incident et non comme moyen de classification. Pour nous, au contraire, les métamorphoses forment la base de la classification chimique, et en cela nous sommes donc d'accord avec le véritable but de la chimie (5).

La classification par séries a, en outre, cet avantage qu'elle permet à l'esprit d'embrasser, dans son ensemble, tout l'édifice chimique ; il peut en voir le commencement et la fin, tandis qu'avec l'ancienne méthode, l'intelligence la plus robuste recule devant ce nombre immense de corps et de phénomènes qu'il s'agit de connaître, et que chaque jour vient encore multiplier.

Un examen comparatif des différentes séries conduit ensuite à découvrir beaucoup d'analogies dans les lois de métamorphoses. Quelle ressemblance, en effet, entre certains termes de la série du chlore et celle du brôme ; entre celle de l'arsenic et celle du phosphore ? Mêmes formules, mêmes transformations, de sorte que la connaissance d'une seule d'entre ces séries permet de deviner un grand nombre de phénomènes et de métamorphoses propres aux autres. Les mêmes fonctions chimiques reviennent à chaque instant ; il s'agit presque toujours d'acides ou de sels, d'alcaloïdes, d'amides etc. Quand on a une fois saisi les caractères distinctifs de chaque fonction, on sait les retrouver dans chaque cas particulier, sans effort de mémoire, mais à l'aide seule du raisonnement. L'étude de la chimie se simplifie ainsi beaucoup.

Nous avons dit (101) d'après quel principe nous

avons construit nos *séries*. Chaque série se compose d'un certain nombre de *genres*, susceptibles de se métamorphoser les uns dans les autres. Tous les genres d'une même série renferment un élément commun ; les autres éléments sont susceptibles d'éprouver des substitutions (37). Les substitutions dépendent de la fonction chimique du genre ; elles déterminent les différentes *espèces* d'un même genre.

Dans les *sels* d'un même genre, l'espèce est donnée par le métal, ou, dans le cas de substitution des autres éléments, par l'élément non-métallique sur lequel s'effectue la substitution.

Dans les *anhydrides* d'un même genre, l'espèce est donnée par l'oxygène, le soufre, le brôme, le chlore, etc, susceptibles de substitution. Comme à chaque genre d'anhydride correspond un genre salin, on peut se servir des caractères de ce dernier pour caractériser l'anhydride lui-même.

Les *alcaloïdes* donnent des espèces normales (hydrogénées), chlorées, bromées, etc. Les *alcalamides* se caractérisent par le genre de l'alcaloïde et par le genre du sel en lesquels ils se métamorphosent ; il peut y avoir évidemment un alcalamide pour chaque espèce d'alcaloïde. Enfin, quant aux

autres fonctions chimiques, lorsqu'il s'agit de caractériser un corps, on cherche toujours à le transformer en un acide ou en un sel quelconque; car
de toutes les fonctions chimiques celle des binômes
se prête le mieux aux réactions.

NOTIONS DE CRISTALLOGRAPHIE.

170. Pour mieux faire saisir les termes de cristallographie, dont nous nous sommes servi plus haut (33, 34 et 35), nous allons terminer par quelques considérations générales sur les rapports qui existent entre les formes cristallines des corps. Notre but sera uniquement de donner une idée nette de ce qu'on entend par *système cristallin*, *formes primitives*, *formes incompatibles*, etc. On trouvera dans les traités spéciaux les détails que ne comporte pas le cadre d'un livre élémentaire.

171. Lorsqu'un corps passe de l'état liquide à l'état solide, ses molécules s'attirent le plus souvent dans un sens déterminé, et produisent des polyèdres réguliers, connus sous le nom de *cristaux*.

La cristallisation peut s'effectuer par la *dissolution* ou par la *fusion*. Si l'on dissout un sel dans l'eau ou dans un autre véhicule, et que l'on enlève ensuite par l'évaporation, soit artificielle, soit spontanée, une certaine quantité du solvant, le corps solide, au moment de se séparer, peut se prendre en cristaux. Il en est de même si l'on fait fondre un métal, le bismuth, par exemple, et qu'on laisse refroidir lentement : en décantant la partie encore liquide, dès que le reste s'est concrété, on obtient de beaux cristaux de métal. D'ailleurs, cette cristallisation par fusion n'est qu'un cas particulier de celle par dissolution, puisqu'on ne fait que dissoudre le solide dans son propre liquide.

Tous les polyèdres de la géométrie ne sont pas des cristaux. Ceux-ci sont assujettis à certaines lois de symétrie, qui excluent beaucoup de formes polyédriques.

Tous les cristaux sont terminés par des faces planes, réfléchissant plus ou moins la lumière. Ces faces sont ordonnées symétriquement autour de certaines lignes idéales, appelées *axes*, qu'on peut concevoir dans l'intérieur des cristaux.

Voici, par exemple, un cristal qui, géométriquement, représente un prisme droit, à base carrée (*fig.* 12) ; il y a, dans ce cristal, six faces disposées symétriquement autour de la ligne yy', qui passerait par le centre des bases du prisme. Les deux bases sont formées par des carrés perpendiculaires à l'axe ; et les quatre faces latérales sont des rectangles parallèles au même axe.

Dans l'octaèdre régulier, forme très-fréquente en cristallographie (fig. 5), il y a huit faces formées par des triangles équilatéraux, également inclinées sur l'axe qui passerait par deux angles opposés quelconques.

Les cristaux ne présentent pas toujours une aussi grande symétrie pour un seul axe ; souvent, un certain nombre de faces seulement sont ordonnées d'une manière analogue autour d'une semblable ligne, tandis que les autres faces se groupent symétriquement autour d'un second ou d'un troisième axe.

Une conséquence de cette disposition symétrique c'est que, dans la plupart des cristaux, les faces sont parallèles deux à deux.

Enfin, il est à remarquer que les angles des cristaux sont toujours saillants et jamais rentrants.

172. Lorsqu'un corps cristallise dans les mêmes circonstances, il prend toujours la même forme cristalline ; si elles varient, on obtient des cristaux différents.

L'alun, par exemple, cristallise, dans l'eau pure, et dans les liquides acides, en octaèdres réguliers (*fig.* 5). Si on le fait cristalliser en présence d'un peu de chaux ou de potasse caustique, on l'obtient en cubes (*a*) (*fig.* 1). L'expérience peut aisément se faire de la manière suivante : On ajoute à une solution aqueuse d'alun un peu de potasse caustique, en agitant continuellement le mélange, jusqu'à ce que le précipité commence à persister ; on filtre, et on abandonne le mélange à l'évaporation spontanée. Les premiers cristaux qui paraissent alors, sont ordinairement des octaèdres ; ceux qui se déposent par une plus forte concentration du liquide, ont encore l'aspect des octaèdres ; mais on voit distinctement chaque angle de l'octaèdre remplacé par une facette carrée *e* (*fig.* 3 et 4) ; peu à peu, ces facettes prennent plus d'étendue (*fig.* 2) jusqu'à ce qu'enfin elles aient entièrement fait dis-

---

(*a*) On avait à tort considéré l'alun cubique comme différent, par la composition, de l'alun octaédrique. Mes analyses récentes en démontrent l'identité. Les eaux-mères de la cristallisation de l'alun cubique renferment une certaine quantité d'un sous-sulfate d'alumine, le même qui rend si opaque l'alun de Rome. Ce sous-sulfate se coagule par la chaleur.

paraître les faces octaédriques primitives *o*, pour constituer le cube.

Les cristaux d'un même corps peuvent donc se modifier, quand la température, la nature du solvant, la concentration du liquide, etc., viennent à changer. Lorsque les *modifications* portent sur les arêtes ou sur les angles, de manière que ces parties s'émoussent, pour ainsi dire, et sont remplacées par de nouvelles faces, ces modifications portent le nom de *troncatures*. C'est ainsi que l'octaèdre régulier passe peu à peu au cube par la troncature des angles; les six angles de l'octaèdre sont tronqués par autant de faces carrées, qui, en prenant une certaine extension, finissent par cacher entièrement le cristal sur lequel elles se sont formées, et par donner naissance à une figure à six faces carrées, le cube ou hexaèdre. Au reste, il ne faut pas s'imaginer que ces troncatures s'effectuent réellement sur les arêtes ou sur les angles déjà formés; les cristaux modifiés se produisent immédiatement comme tels, sans passer sous nos yeux par cette série de métamorphoses.

173. Les modifications dont nous parlons, ne sont pas arbitraires ; elles ont lieu d'après une loi de

symétrie fort simple, découverte par Haüy, et qu'on peut énoncer de la manière suivante : *Lorsqu'un cristal éprouve une modification sur une partie quelconque, sur une arête ou sur un angle, la même modification se reproduit sur toutes les parties semblables.*

Dans l'exemple précédent, les angles de *l'octaèdre régulier* se modifient tous de la même manière, car ils sont tous égaux ; ils sont tous remplacés par des carrés, dont l'extension finit par donner le cube.

Dans le *cube*, les huit angles sont égaux ; si l'un d'eux s'émousse par une cause quelconque, de manière à être remplacé par une facette triangulaire équilatérale *o*, tous les autres angles seront tronqués par une semblable facette ; et, si ces troncatures se développent assez pour faire disparaître les faces cubiques *e*, elles engendreront de nouveau l'octaèdre régulier.

Si un angle du cube, au lieu d'être modifié par une seule facette, l'était par trois facettes égales *(fig.* 6), la même modification se reproduirait sur tous les autres angles, et si ces facettes prenaient assez d'extension pour se rencontrer et faire disparaître les faces cubiques *(fig.* 7 et 8), on finirait par avoir un *trapézoèdre*, solide composé de trois fois huit, ou vingt-quatre faces égales et trapézoïdales.

Le cube a aussi douze arêtes égales ; elles peuvent de leur côté éprouver des troncatures, mais il suffit que l'une d'entre elles se modifie, pour entraîner la même modification dans toutes les autres. Les *fig.*9, 10 et 11 représentent ce passage du cube *au dodé-caèdre rhomboïdal*, par la troncature des arêtes.

Voici un cristal (*fig.*12), où les angles sont égaux, mais formés par deux espèces d'arêtes, par huit arêtes égales horizontales (quatre en haut et quatre en bas), et par quatre autres arêtes égales et verticales. C'est un *prisme à base carrée*. La loi de symétrie exige que, si un angle se modifie dans ce prisme, tous les autres angles éprouvent la même modifi-cation. Mais les arêtes n'étant pas toutes égales, il peut y avoir deux espèces de modifications relatives à ces parties : la première, pour les arêtes horizon-tales, et la seconde, pour les verticales. Les arêtes horizontales peuvent donc se tronquer, sans entraî-ner la même modification dans les arêtes verticales, et réciproquement celles-ci peuvent se modifier, sans que la même troncature se répète sur les arêtes horizontales. Supposons (*fig.*14, 15 et 16) qu'il

31.

naisse sur une arête horizontale une face b, qui lui soit tangente, de semblables faces se produiront sur toutes les autres arêtes horizontales, et donneront successivement naissance à un prisme surmonté de deux sommets pyramidaux (*fig.* 15 et 16), puis à un octaèdre à base carrée, formé par huit faces triangulaires isocèles et égales (*fig.* 17).

A leur tour, les arêtes verticales du prisme à base carrée, peuvent se modifier. Soit $bcdf$ (*fig.* 18) la base du prisme, et b, c, d, f les projections des arêtes verticales; s'il venait à se former sur b une face parallèle à la diagonale cd, et dont gh fût la trace, la même modification se produirait aussi sur c, d et f; on aurait donc d'abord un prisme à base octogone gh $ijklmn$, puis un nouveau prisme $ihgk$ à base carrée, inscrit dans le premier (*fig.* 19). Les *figures* 20 et 21 représentent ces solides eux-mêmes : *fig.* 20, le prisme octogone ; *fig.* 21, le prisme inscrit.

Dans un *prisme droit à base rectangulaire* (*fig.* 28), les huit angles sont égaux, donc même loi de modification pour tous, mais il y a trois espèces d'arêtes: quatre courtes horizontales, ad, bc, ig, fh ; quatre arêtes longues horizontales ab, dc, if, gh : quatre arêtes verticales ai, bf, ch, dg. Chaque espèce d'arêtes éprouvera ses modifications à elle. Si, par exemple, l'une des quatre arêtes verticales était remplacée par un plan, la même modification se présenterait pour les trois autres, sans nécessiter aucune modification dans les deux espèces d'arêtes horizontales. Soit le rectangle *bcdf* la base du prisme (*fig.* 30), *b*, *c*, *d*, *f* les projections des arêtes verticales ; s'il vient à naître sur *b* un plan parallèle à la diagonale *cd* du rectangle, la même modification se reproduira sur *c*, *d*, *f* ; les lignes *gh*, *hi*, *ij*, *jg* qui forment la trace de ces plans, produiront, en se rencontrant, un rhombe, et le cristal nouveau sera un prisme droit à base rhombe (*fig.* 32). Cette forme est même plus fréquente en cristallographie que le prisme droit à base rectangulaire.

Dans les solides, où les angles sont de plusieurs espèces, chacune a naturellement aussi ses lois particulières de modification.

Ainsi, dans le *rhomboèdre* (*fig.* 37), prisme formé de six rhombes égaux, on distingue deux espèces d'angles : deux égaux, *a*, *a'*, et six autres égaux. Supposons que l'un des angles de la seconde espèce, vienne à être tronqué par une facette triangulaire *f*, placée tangentiellement, cette modification se répétera seulement sur les cinq autres angles de la même espèce (*fig.* 38) ; en prenant plus de développement, ces nouvelles faces donneront un cristal à douze faces triangulaires, formant deux pyramides hexaèdres opposées base à base (*fig.* 39), et enfin, quand, par une extension encore plus grande des faces modifiantes, les faces du rhomboèdre primitif ont disparu, on a un nouveau rhomboèdre (*fig.* 40), plus aigu que le premier. Ce second rhomboèdre peut, à son tour, se tronquer sur les six angles égaux, et passer peu à peu à un troisième rhomboèdre encore plus aigu, et ainsi de suite.

Le rhomboèdre présente aussi deux espèces d'arêtes. C'est qu'en cristallographie l'égalité des arêtes ne dépend pas seulement de leur longueur, mais aussi de l'angle que font entre eux les plans dont elles sont l'intersection ; pour que les arêtes soient égales, il faut qu'elles soient également longues et formées par des faces également inclinées. Dans le rhomboèdre, il y a donc six arêtes égales, partant trois par trois des deux angles égaux a et a', et six autres arêtes égales, allant en zigzag autour du solide. Chaque espèce d'arêtes se modifie de son côté.

Dans la *double pyramide hexaèdre* (*fig.* 39), engendrée par le rhomboèdre, les six arêtes horizontales, formant la base, sont égales ; elles forment entre elles un hexagone régulier. Si une de ces arêtes vient à être tronquée, les cinq autres éprouveront la même modification (*fig.* 41), et donneront un prisme régulier à six faces (*fig.* 42), surmonté d'un pointement à six faces ; le cristal de roche présente habituellement cette forme. Les deux angles sommets de ce cristal étant égaux, peuvent à leur tour se tronquer (*fig.* 43), et donner enfin naissance à un *prisme hexagone régulier* (*fig.* 44).

174. On voit par ce qui précède, que les cristaux d'un même corps, en se modifiant, quand les circonstances viennent à varier, conservent néanmoins une disposition symétrique dans les nouvelles faces, *par rapport aux mêmes axes*, autour desquels les faces de la première forme s'étaient symétriquement groupées.

Si, dans l'octaèdre régulier (*fig.* 5), toutes les faces sont placées symétriquement autour de l'axe passant par deux angles opposés quelconques, dans toutes les formes dérivées de cet octaèdre on trouvera une semblable disposition symétrique des faces autour du même axe : dans le cube, par exemple, cet axe passera par le centre de deux carrés opposés quelconques ; dans le dodécaèdre rhomboïdal , il passera par deux sommets opposés quelconques des six angles tétraèdres ; dans le trapézoèdre , il passera aussi par deux sommets opposés quelconques des six angles à quatre faces.

Dans le prisme droit à base carrée *(fig.* 12) , les deux faces carrées formant la base , sont perpendiculaires à l'axe vertical ; les faces latérales lui sont parallèles. Dans le prisme à base octogone qui en dérive , les faces latérales sont encore parallèles au même axe ; les deux bases octogones lui sont perpendiculaires. Dans l'octaèdre à base carrée , toutes les faces triangulaires sont également inclinées sur cet axe.

Si l'on prend pour axe dans le rhomboèdre , la ligne *aa'* (*fig.* 37) joignant les deux angles égaux de la première espèce , on remarque une symétrie parfaite dans la disposition des faces ; or , cette symétrie se conserve pour le même axe dans les formes dérivant du rhomboèdre par la modification des angles ou des arêtes En effet , dans la double pyramide hexaèdre, cet axe passe par les deux sommets ; dans le rhomboèdre dérivé , il passe encore par les deux angles égaux de la première espèce ; dans le prisme hexagone-régulier, il passe par le centre de la base, etc.

Un cristal, en se modifiant, quand les circonstances viennent à changer, donnera toujours des formes qui ont entre elles des relations très-précises et fort simples. Une substance cristallisant en cubes ne donnera pas des rhomboèdres, ou des prismes droits à base rhombe, ou des prismes à base carrée, ou toute autre forme dans laquelle les faces ne seraient pas symétriquement ordonnées par rapport aux mêmes axes que dans le cube.

Cette loi de symétrie est d'ailleurs une conséquence naturelle des attractions intermoléculaires. On conçoit que les modifications étant le résultat de l'action de certaines forces qui déterminent les molécules à cristalliser, ces forces agissent d'une manière identique sur les parties semblables. Les résultantes de ces forces attractives dont les molécules sont douées, se confondent évidemment avec les axes ou lignes qui les traversent symétriquement.

175. Les nombreuses formes qu'un corps affecte peuvent, comme on le voit, se ramener toutes à une seule *forme primitive*, dont les arêtes et les angles se

modifient, suivant les circonstances, d'après la loi de symétrie. Le carbonate calcique, par exemple, se rencontre dans la nature, sous les formes les plus variées, dont le nombre s'élève jusqu'à huit cents; mais toutes ces formes peuvent être dérivées d'une seule forme-type, qui est le rhomboèdre. Ces huit cents formes sont autant de *formes secondaires*, dérivées du rhomboèdre.

L'expression *forme primitive* n'a, d'ailleurs, rien d'absolu : on pourrait aussi bien choisir pour forme primitive des huit cents formes du carbonate de Ca le prisme hexagone régulier, ou toute autre forme renfermant le même système d'axes.

Le cube peut être considéré comme la forme primitive de l'octaèdre, du dodécaèdre rhomboïdal, du trapézoèdre ; mais rien n'empêche de choisir, à son tour, l'octaèdre régulier comme forme primitive du cube, du dodécaèdre rhomboïdal, du trapézoèdre, etc.

Cependant, comme il importe de saisir avec facilité, les relations qui rattachent les formes secondaires à une forme primitive, il est bon de choisir celle-ci parmi les types les plus simples ; nous la prendrons parmi les formes parallélipipédiques ou formes à quatre faces. De même, au lieu de n'y considérer qu'un seul axe, nous y supposerons trois axes, se croisant en un point et se dirigeant d'après les trois dimensions du solide.

176. En cherchant les différentes dispositions que des plans, assujettis aux lois de symétrie, peuvent prendre autour de ces trois axes, on parvient à établir un petit nombre de *types cristallins*, d'où dérivent tous les cristaux possibles.

Les axes peuvent être rectangulaires ou obliques, ils peuvent être égaux ou inégaux en longueur. De là, six systèmes d'axes correspondant à six types cristallins.

Voici ces types dans l'ordre de leur simplicité ou de leur plus grande symétrie, le premier type étant le plus symétrique.

1. *Type cristallin*, représenté par le *cube*. Les trois axes xx', yy', zz' sont rectangulaires et égaux (*fig.* 1).

2. *Type cristallin*, représenté par le *prisme droit à base carrée* (*fig.* 13). Les trois axes xx', yy', zz' sont rectangulaires, mais il n'y a que 2 axes égaux, le troisième yy' est inégal.

3. *Type cristallin*, représenté par le *prisme droit à base rectangulaire* (*fig.* 29). Les trois axes xx', yy', zz' sont encore rectangulaires, mais tous inégaux.

4. *Type cristallin*, représenté par le *rhomboèdre* (*fig.* 36). Les trois axes xx', yy', zz' sont obliques et égaux.

5. *Type cristallin*, représenté par le *prisme oblique à base rhombe* (*fig.* 45). Les trois axes xx', yy', zz' sont obliques, mais deux seulement sont égaux ; le troisième yy est inégal.

6. *Type cristallin*, représenté par le *prisme oblique à base de parallélogramme obliquangle* (*fig.* 47). Les trois axes xx', yy', zz' sont obliques et inégaux.

On appelle *système cristallin* l'ensemble des lois d'après lesquelles les formes secondaires dérivent de la forme primitive.

Deux corps cristallisent dans le même système, lorsqu'ils ont pour forme primitive le même type cristallin.

Beaucoup de cristaux ont la propriété de se casser dans un sens plutôt que dans un autre, lorsqu'on y donne au hasard un coup de marteau ; ils se fendent, ils se *clivent* alors en polyèdres plus simples qui se déduisent des cristaux par des lois constantes. Dans beaucoup de cas, la forme de ces *solides de clivage* se confond avec la forme primitive. Ainsi, par exemple, toutes les 800 formes du spath calcaire (carbonate calcique) se laissent cliver avec la même facilité suivant trois directions, en donnant un rhomboèdre qui en représente la forme primitive.

177. Quelques mots maintenant sur chaque système cristallin.

Système cubique ou *régulier; tessulares System* (Mohs), *tesserales System* (Naumann). Les formes appartenant à ce système présentent le plus de symétrie; on les reconnait aisément en ce que tous les angles de même espèce sont tangents à une sphère. C'est ce qui lui a fait donner, par M. Weiss, le nom de *système sphéroédrique.*

Le cube renferme deux éléments distincts :

Angles................ 8 trièdres et égaux.
Arêtes................ 12 égales.

De là, deux espèces de modifications. Les formes secondaires appartenant à ce système sont : l'octaèdre régulier dérivant du cube par des modifications tangentes sur les angles; le dodécaèdre rhomboïdal, par un pointement à 3 faces sur les angles, etc.

La plupart des corps simples (a) cristallisent dans

(a) Plusieurs métaux sont dimorphes. M. Nicklès a constaté récemment que le zinc pur se présente en dodécaèdres pentagonaux, forme qui appartient au système cubique; M. Noeggerath avait observé le même métal sous la forme de prismes à base d'hexagone, appartenant par conséquent au système rhomboédrique.

le système cubique, tels que le carbone (diamant),
le phosphore, le plomb, le bismuth, l'or, l'ar‑
gent, etc.; il en est de même de plusieurs oxy‑
des (35); des sulfures de Ag, Pb, Co, Zn; des chlo‑
rures, iodures, bromures et fluorures à base de K,
Na et Am; des aluns, etc.

Système du prisme droit à base carrée (a). — Le
type qui représente la forme primitive de ce système,
renferme 3 espèces d'éléments (*fig.* 12):

Angles.... 8 trièdres et égaux.

Arêtes .... { 8 horizontales égales ab, bc, cd, da, ef, fh, hg, ge.
4 verticales égales ae, bf, ch, dg.

Quand on considère ce prisme, on le place de
manière que l'axe inégal soit vertical. Cette inégalité
entre l'axe vertical et les deux axes horizontaux étant
variable, il peut exister un nombre indéfini de pris‑
mes droits à base carrée, représentant chacun une
forme primitive particulière.

L'étain se présente en cubes, et en prismes à base carrée. De même, le
platine et l'iridium ont été observés sous des formes appartenant au système
cubique et au système rhomboédrique.

(a) Noms synonymes des cristallographes allemands : *2 und 1 axiges
— 4 gliedriges — pyramidales — tetragonales — quadratoctaedrisches
System.*

Il faut donc bien distinguer entre un type cristallin et une forme primitive ; deux formes primitives peuvent appartenir au même type, au même système cristallin, mais être différentes par la dimension relative ou l'inclinaison des axes, c'est-à-dire par la valeur des angles. Dans le système cubique, cette distinction est inutile, car il n'y a pas deux espèces de cubes ; elle est essentielle pour les cinq autres systèmes, où les axes peuvent différer, soit par leur longueur, soit par leur inclinaison.

Lorsque les huit angles se tronquent dans le prisme droit à base carrée, il en résulte un octaèdre, comme dans le cas du cube ; mais cet octaèdre ne se compose pas de faces triangulaires équilatérales. Ces faces ne sont qu'isocèles. Par conséquent, les angles de cet octaèdre ne sont pas tous égaux, comme dans l'octaèdre régulier ; les deux angles du sommet, par lesquels passe l'axe vertical yy', sont égaux entre eux, et les quatre autres angles traversés par les deux axes horizontaux xx' et zz' sont égaux de leur côté (*fig.* 22 et 23). De là, deux espèces de modifications pour les angles de l'octaèdre à base carrée ; l'une pour les deux angles sommets, l'autre pour les quatre angles latéraux, etc.

32.

Quant aux arêtes du prisme droit à base carrée, les modifications dont elles sont susceptibles, sont évidemment aussi de deux espèces : la première pour les huit arêtes horizontales, la seconde pour les quatre arêtes verticales.

Parmi les corps cristallisant dans ce système, nous citerons les phosphates de K et de Am, remarquables par leur isomorphisme avec les arséniates à même base.

Système du prisme droit à base rectangulaire (a). — Ce système a de commun avec les deux précédents trois axes perpendiculaires l'un à l'autre, mais tous les trois de longueur différente. Le prisme dont les faces se groupent symétriquement autour de trois semblables axes, contient quatre espèces d'éléments (*fig. 28*) :

Angles. . . .   8 trièdres et égaux.

Arêtes. . . . { 4 horizontales courtes égales : *ad*, *bc*, *ig*, *fh*.
{ 4 horizontales longues égales : *ab*, *dc*, *if*, *gh*.
{ 4 verticales égales : *ai*, *bf*, *ch*, *dg*.

Le rapport des axes entre eux est variable : dans

(*a*) Noms synonymes des cristallographes allemands : 1 *und* 1 *axiges* —2 *und* 2 *gliedriges—orthotypes—rhombisches System.*

le nitrate de K, par exemple, il est comme 1 : 0,70 : 0,589; dans le sulfate de K, ce rapport est comme 1 : 1,303 : 1,746.

Nous avons déjà dit comment le prisme droit à base rectangulaire engendre le prisme droit à base rhombe, par la troncature de quatre arêtes; comme on peut prendre pour base une face quelconque du premier prisme, il est évident que chaque prisme droit à base rectangulaire peut donner trois prismes différents à base rhombe, correspondant chacun à une espèce particulière d'arêtes.

On rencontre dans ce système, comme dans le précédent, des octaèdres aigus et des octaèdres obtus. Cette forme dépend du rapport entre l'axe vertical et les deux axes horizontaux : si l'axe vertical est plus long que ceux-ci, l'octaèdre prend nécessairement une forme allongée; s'il est plus court, l'octaèdre acquiert une forme surbaissée.

Le soufre naturel se rencontre en octaèdres appartenant à ce système. Il en est de même des sulfates de Ba, Sr, Pb; des sulfates de Na et Ag. Plusieurs alcaloïdes carbonés, tels que la codéine, la morphine, la narcotine, cristallisent aussi dans ce système.

Système du rhomboèdre (a). — Le rhomboèdre est un prisme formé par 6 rhombes égaux, groupés symétriquement autour de trois axes xx', yy', zz' obliques et égaux. On y distingue 4 espèces d'éléments (*fig.* 35).

Angles.... $\begin{cases} \text{2 culminants égaux : } a \text{ et } h. \\ \text{6 latéraux égaux : } b, d, c, f, e, g. \end{cases}$

Arêtes.... $\begin{cases} \text{6 égales partant trois par trois des angles} \\ \quad \text{culminants : } ab, ac, ae, hg, hd, hf. \\ \text{6 égales allant en zigzag autour du solide :} \\ \quad bg, ge, ef, fc, cd, db. \end{cases}$

Ce système comprend un grand nombre de formes très-régulières et souvent fort élégantes. On y distingue le dodécaèdre à triangles isocèles, formé de deux pyramides hexaèdres opposées base à base; le prisme hexagone régulier; des rhomboèdres aigus et obtus, etc.

Dans ce système cristallisent les carbonates déjà cités (33), les nitrates de K et de Na, l'oxyde de Zn, l'eau, les hyposulfates de Ca, Sr, Pb, etc.

(a) Noms synonymes des cristallographes allemands : 3 *und* 4 *axiges* —*hexagonales System.*

Système du prisme oblique à base rhombe (a). — Les trois axes de ce système sont obliques, mais l'un d'eux diffère en longueur des deux autres ; dans le type prismatique correspondant à ce système d'axes, les côtés de la base sont nécessairement égaux, et les coupes transversales sont des rhombes. On distingue dans le prisme rhomboïdal oblique sept éléments différents, savoir (*fig.* 45) :

Angles....
- 2 opposés égaux à l'extrémité d'une diagonale : a et h.
- 2 opposés égaux à l'extrémité d'une autre diagonale : e et d.
- 4 égaux, dont deux à la base supérieure et 2 à la base inférieure : b, c, g et f.

Arêtes....
- 4 culminantes obtuses égales : bd, ef, ge et dc.
- 4 culminantes aiguës égales : ab, fh, ac et gh.
- 2 verticales égales : ae, et dh.
- 2 autres verticales égales : bg et cf.

Le prisme rhomboïdal oblique passe au prisme oblique rectangulaire par la troncature des arêtes verticales, parallèles aux plans diagonaux.

L'acétate de Na, l'acétate de Pb, le sucre de canne,

---

une foule de sulfates, cristallisent dans ce système.

Système du prisme oblique à base de parallélo-gramme oblique (α). —C'est le moins symétrique de tous les systèmes cristallins, les trois axes obliques y étant d'inégale longueur. Dans le prisme *(fig.* 47) représentant ce système, on distingue, en effet, 10 éléments différents, correspondant à autant d'espèces de modifications.

Angles....
$\begin{cases} \text{2 égaux : } a \text{ et } h. \\ \text{2 égaux : } d \text{ et } e. \\ \text{2 égaux : } b \text{ et } f. \\ \text{2 égaux : } g \text{ et } c. \end{cases}$

Arêtes....
$\begin{cases} \text{2 horizontales égales : } ab \text{ et } hf. \\ \text{2 horizontales égales : } ac \text{ et } gh. \\ \text{2 horizontales égales : } cd \text{ et } ge. \\ \text{2 horizontales égales : } bd \text{ et } ef. \\ \text{2 verticales égales : } ae \text{ et } dh. \\ \text{2 verticales égales : } bg \text{ et } cf. \end{cases}$

Dans ce système, un élément quelconque, angle ou arête, n'a que son opposé qui lui soit égal. Il est, toutefois, le moins riche de tous ; on n'y rencontre que quelques sulfates, notamment le sulfate de Cu, quelques silicates naturels (axinite, labrador), etc.

(α) Noms synonymes des cristallographes allemands : 1 und 1 *gliedriges—anorthotypes—triclinometrisches—triclinisches System.*

278. On doit comprendre maintenant ce qu'on entend par *corps isomorphes*. Ce sont des corps cristallisant sous une même forme primitive, ou dont les formes secondaires peuvent être ramenées à la même forme primitive.

La série des carbonates isomorphes cités plus haut (33), se présente sous les formes les plus variées, mais dérivant toutes d'un rhomboèdre qui présente sensiblement les mêmes angles. S'il existe de légères différences entre les angles de ces rhomboèdres (ils varient de $105°5'$ à $107°40'$), elles proviennent soit de mesures imparfaites, soit de mesures prises à des températures différentes, soit enfin de quelque cause particulière que la science n'a pas encore approfondie.

Pour qu'il y ait isomorphisme entre deux corps, il ne suffit donc pas qu'ils cristallisent dans le même système cristallin, il faut encore que les dimensions de leur forme primitive soit sensiblement les mêmes.

Deux formes cristallines sont dites incompatibles, lorsqu'elles appartiennent à deux systèmes différents, ou lorsque, appartenant au même système, leurs formes primitives ont des dimensions différentes.

Lorsqu'un corps cristallise sous deux formes incompatibles, ces modifications *dimorphes* correspondent à des propriétés physiques particulières (34).

FIN.

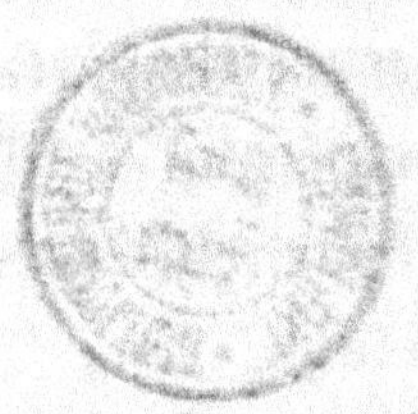

Explication de la Planche.

Fig. 1. Cube : xx', yy', zz' axes perpendiculaires et égaux.

Fig. 2, 3, 4. Passage du cube à l'octaèdre régulier : c faces du cube, o faces de l'octaèdre.

Fig. 5. Octaèdre régulier : xx', yy', zz' axes passant par des angles opposés ; ces axes sont naturellement les mêmes que ceux du cube (*fig.* 1), d'où l'octaèdre dérive.

Fig. 6. Cube modifié sur ses 8 angles par 3 facettes égales : c faces du cube.

Fig. 7. Passage du cube au trapézoèdre régulier : c faces du cube.

Fig. 8. Trapézoèdre régulier.

Fig. 9, 10. Passage du cube au dodécaèdre rhomboïdal : c faces du cube, d faces du dodécaèdre.

Fig. 11. Dodécaèdre rhomboïdal.

Fig. 12. Prisme droit à base carrée : ab, cd, ef, gh, ad, bc, eg, fh arêtes horizontales égales : ae, dg, bf, ch arêtes verticales égales.

Fig. 13. Prisme droit à base carrée : yy' axe vertical ; xx', zz' axes horizontaux perpendiculaires à l'axe vertical.

Fig. 14, 15 et 16. Passage du prisme droit à base carrée à l'octaèdre à base carrée : *b* faces qui modifient les arêtes horizontales du prisme primitif.

Fig. 17. Octaèdre à base carrée.

Fig. 18. Passage du prisme à base carrée au prisme à base octogone ; *bcdf* base du prisme ; *b*, *c*, *d*, *f* projection des arêtes verticales ; *gh*, *ij*, *kl*, *mn* trace des faces parallèles aux diagonales *bf* et *cd* naissant sur les arêtes verticales.

Fig. 19. Base du second prisme à base carrée inscrit dans le premier (*fig.* 18).

Fig. 20 et 21. Même passage du prisme droit à base carrée au prisme octogone et au second prisme inscrit.

Fig. 22. Octaèdre aigu à base carrée avec ses axes ; *yy'* représente le troisième axe inégal, plus long que les deux axes horizontaux.

Fig. 23. Octaèdre obtus à base carrée avec ses axes ; *yy'* représente le troisième axe inégal, plus court que les deux axes horizontaux.

Fig. 24. Octaèdre à base carrée, tronqué sur les deux angles sommets.

Fig. 25. Octaèdre à base carrée, tronqué sur les quatre angles latéraux.

Fig. 26. Même octaèdre, dont les faces modifiantes sont plus développées.

Fig. 27. Octaèdre à base carrée, dont les angles sommets sont modifiés par un pointement à quatre faces.

Fig. 28. Prisme droit à base rectangulaire : *ab*, *dc*, *if*, *gh* arêtes longues horizontales ; *ad*, *bc*, *ig*, *fh* arêtes courtes horizontales ; *dg*, *ai*, *eh*, *bf* arêtes verticales.

Fig. 29. Prisme droit à base rectangulaire ; *xx'*, *yy'*, *zz'* axes rectangulaires et inégaux.

Fig. 30. Passage du prisme droit à base rectangulaire au prisme droit à base rhombe. *bcdf* base du prisme ; *b*, *c*, *d*, *f* projection des arêtes verticales ; *hg*, *hi*, *ij*, *jg* trace des plans parallèles aux diagonales.

Fig. 31 et 32. Passage du prisme droit à base rectangulaire à un prisme à base octogone et au prisme droit à base rhombe.

Fig. 33. Prisme rhomboïdal dont les quatre angles aigus et égaux sont tronqués.

Fig. 34. Le même dont les quatre angles obtus et égaux sont tronqués.

Fig. 35. Rhomboèdre : *ab*, *ac*, *ae*, *gh*, *fh* et *dh* arêtes culminantes égales ; *bd*, *dc*, *cf*, *fe*, *eg*, *gb* arêtes latérales égales ; *a* et *h* angles culminants égaux ; *b*, *d*, *c*, *g*, *e*, *f* angles latéraux égaux.

Fig. 36. Rhomboèdre à trois axes égaux et également inclinés *xx'*, *yy'*, *zz'*.

Fig. 37. Autre rhomboèdre à axe unique, *aa'* passant par les angles culminants égaux *a* et *a'*.

Fig. 38. Le rhomboèdre précédent, modifié sur les six angles latéraux par une facette triangulaire *f*.

Fig. 39. Double pyramide à base hexagone, résultant de la figure précédente par un plus grand développement des faces modifiantes.

Fig. 40. Rhomboèdre plus aigu , dérivant du précédent par le complet développement des faces modifiantes.

Fig. 41. Double pyramide à base hexagone, modifiée sur les arêtes de la base.

Fig. 42. Prisme hexagone régulier terminé par un sommet à six faces , résultant de la figure précédente par le développement complet des faces modifiantes.

Fig. 43. Même prisme , tronqué sur les angles sommets.

Fig. 44. Prisme hexagone régulier, résultant de la figure précédente par le développement complet des faces modifiantes.

Fig. 45. Prisme oblique à base rhombe , ayant les axes xx', zz' égaux ; le troisième axe yy' inégal : a et h angles égaux ; e et d angles égaux ; b, c, g et f angles égaux ; bd, ef, ge et dc arêtes égales ; ab, fh, ae et gh arêtes égales ; ae et dh arêtes égales ; bg et cf arêtes égales.

Fig. 46. Prisme hexagone , dérivant de la figure précédente.

Fig. 47. Prisme oblique à base de parallélogramme obliquangle. Les trois axes xx', yy' zz' sont inégaux ; a et h, d et e, b et f, g et c, angles égaux ; ab et hf, ac et gh, cd et ge, bd et ef, ae et dh, bg et cf arêtes égales.

Fig. 48. Forme dérivée du prisme précédent par la troncature de deux arêtes.

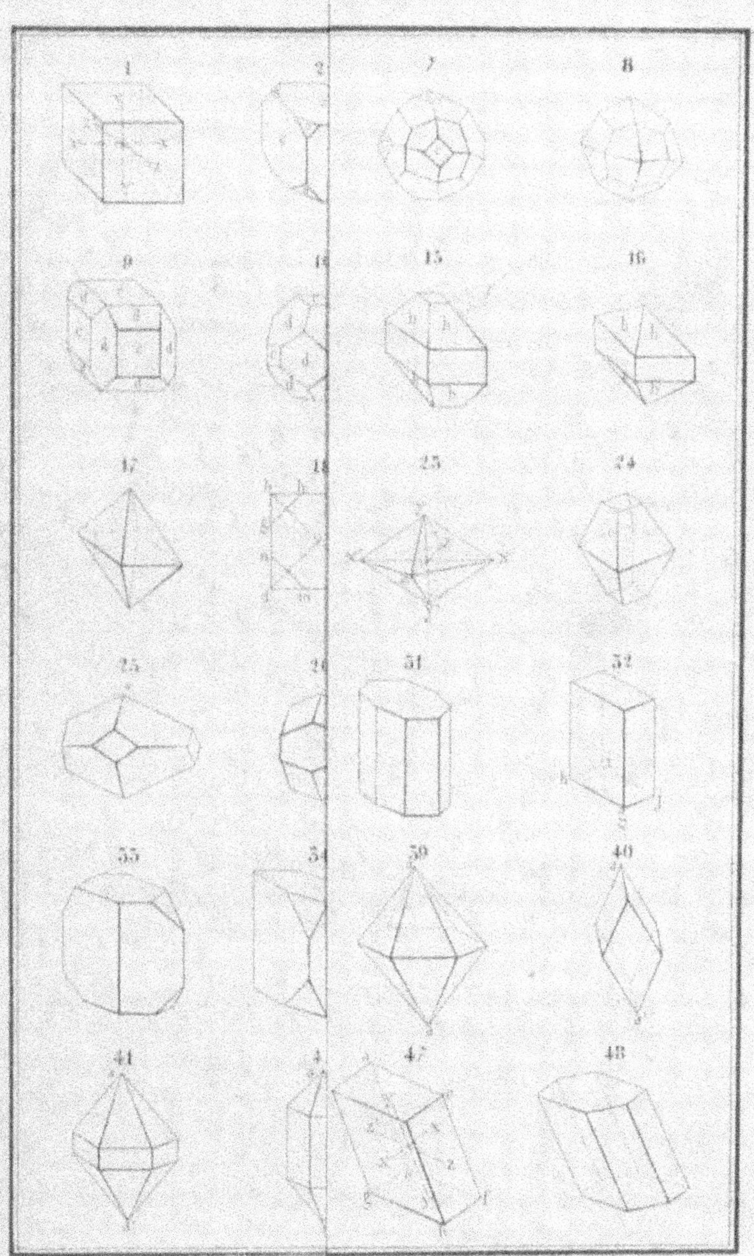

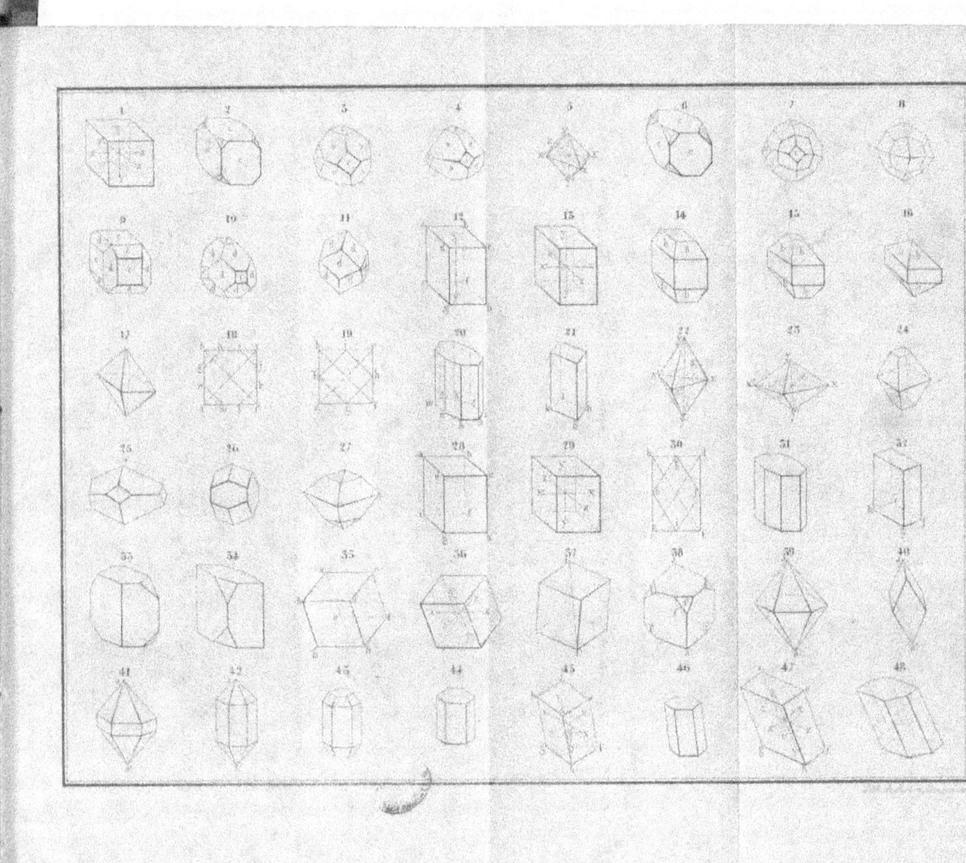